"十三五"高等职业教育电子信息类专业规划教材

SDN

基础及项目实践

主编◎时瑞鹏

SDN

JICHU JI XIANGMU SHIJIAN

中国铁道出版社有限公司

CHINA RAILWAY PUBLISHING HOUSE CO., LTD.

内 容 简 介

本书从初学者的角度出发，系统地介绍 SDN（software defined network，软件定义网络）的起源、发展、定义及特点，介绍常用的南向协议和北向接口，介绍 OpenFlow 协议及流表操作，以 Floodlight 为例介绍控制器的工作原理，以 Mininet、OVS 为例介绍 SDN 交换机，介绍在云计算系统（OpenStack）下 SDN 的应用以及如何进行 SDN 应用开发。通过对本书的学习，可以让初学者感性地认识和理解 SDN 的原理，通过应用案例去真正体会 SDN 不同于传统网络的特点。

本书适合作为高等职业院校计算机网络、云计算、物联网等各专业的教材，也可作为 SDN 爱好者的自学参考书。

图书在版编目（CIP）数据

SDN基础及项目实践/时瑞鹏主编.—北京：中国铁道出版社有限公司，2021.1（2024.1重印）

"十三五"高等职业教育电子信息类专业规划教材

ISBN 978-7-113-27443-6

Ⅰ.①S… Ⅱ.①时… Ⅲ.①计算机网络-高等职业教育-教材

Ⅳ.①TP393

中国版本图书馆CIP数据核字(2020)第234604号

书　　名：SDN 基础及项目实践

作　　者：时瑞鹏

策　　划：汪　敏　　　　　　　　　　编辑部电话：(010) 51873135

责任编辑：汪　敏　包　宁

封面设计：尚明龙

责任校对：焦桂荣

责任印制：樊启鹏

出版发行：中国铁道出版社有限公司（100054，北京市西城区右安门西街 8 号）

网　　址：http://www.tdpress.com/51eds/

印　　刷：三河市航远印刷有限公司

版　　次：2021 年 1 月第 1 版　2024 年 1 月第 4 次印刷

开　　本：787 mm×1 092 mm　印张：8　字数：188 千字

书　　号：ISBN 978-7-113-27443-6

定　　价：26.00 元

随着互联网应用的不断发展，网络流量呈现暴发式增长态势，各种新型网络应用不断出现，云计算、边缘计算、雾计算、物联网等技术对网络的需求也越来越复杂。这种复杂的网络需要使得传统网络架构越来越难以适应。近年来，软件定义网络（software defined network，SDN）以及网络功能虚拟化（network functions virtualization，NFV）等技术以其全新的网络架构、开放性以及可编程等特点吸引了越来越多的组织、企业、科研机构对它们进行不断的研究、思考和实践。

传统网络架构以设备为中心，对流量的控制和转发都依赖于网络设备来实现，设备中集成了与业务特性紧耦合的操作系统的专用硬件，这些操作系统和专用硬件都是由各个厂家自己开发和设计的。SDN 起源于斯坦福大学的 Clean Slate 项目，其目标是重新定义网络体系结构，其主要思想包括转控分离、软硬件解耦、网络可编程等。SDN 已经掀起了一场网络变革的技术浪潮，对网络学术界和工业界的发展都产生了巨大冲击，SDN-WAN、IDC、云计算中都大量使用了 SDN 技术。

本书从初学者的角度出发，系统地介绍 SDN 的起源、发展、定义及特点，介绍常用的南向协议和北向接口，介绍 OpenFlow 协议及流表操作，以 Floodlight 为例介绍控制器的工作原理，以 Mininet、OVS 为例介绍 SDN 交换机，介绍在云计算系统（OpenStack）下 SDN 的应用以及如何进行 SDN 应用开发。通过本书的学习，可以让初学者感性地认识和理解 SDN 的原理，通过应用案例去真正体会到 SDN 不同于传统网络的特点。

本书共 7 章。第 1 章主要介绍 SDN 的定义及发展背景、传统网络发展的现状以及遇到的问题、SDN 的主要思想及 SDN 网络架构的优势；第 2 章主要介绍 SDN 南向协议，主要包括南向协议的定义及分类以及常用的南向协议及特点；第 3 章主要介绍 SDN 实验环境的搭建，包括 Floodlight 控制器的安装和 Mininet 的安装与使用；第 4 章主要介绍流表操作，包括流表的设计、匹配 / 失配处理等；第 5 章以 OVS 为例介绍 SDN 交换机的工作原理及使用方式；第 6 章介绍云网融合，介绍在 OpenStack 云平台中，SDN 技术的具体应用；第 7 章为 SDN 应用开发，主要介绍 SDN 应用开发环境的搭建以及 SDN 应用开发的一般流程。

由于 SDN 技术发展迅速，内容更新非常快，加上编者水平有限，书中疏漏之处在所难免，恳请广大读者不吝指正。

编　者

2020 年 10 月

目　　录

第1章 SDN 概述 1

1.1 SDN 的定义及发展背景 1

1.2 网络发展的现状及遇到的问题 3

    1.2.1 计算机网络发展现状 4

    1.2.2 计算机网络发展遇到的问题 7

1.3 SDN 实现方案 10

    1.3.1 基于专用接口的方案 11

    1.3.2 基于叠加网络的方案 12

    1.3.3 基于开放协议的方案 13

    1.3.4 SDN 实现方案分析 13

1.4 SDN 网络架构的优势 13

    1.4.1 面向应用和业务的网络能力 13

    1.4.2 加快网络功能上线 13

    1.4.3 提供良好的网络创新环境 14

    1.4.4 方便灵活的网络管理能力 14

1.5 SDN 的核心技术 15

    1.5.1 OpenFlow 技术 16

    1.5.2 SDN 交换机及南向接口技术 16

    1.5.3 SDN 控制器及北向接口技术 17

    1.5.4 应用编排和资源管理技术 18

第2章 SDN 南向协议 19

2.1 SDN 南向协议简介 19

2.2 狭义 SDN 南向协议 20

2.3 广义 SDN 南向协议 22

    2.3.1 OF-Config 22

    2.3.2 OVSDB 24

    2.3.3 NETCONF 26

    2.3.4 OpFlex 27

    2.3.5 XMPP 29

    2.3.6 PCEP 29

2.4 完全可编程南向协议 30
    2.4.1 POF 30
    2.4.2 P4 34

第 3 章　SDN 实验环境搭建 40

3.1 控制器的安装 41
    3.1.1 Floodlight 简介 41
    3.1.2 运行环境 41
    3.1.3 安装 Floodlight 41
3.2 Mininet 的安装和使用 45
    3.2.1 Mininet 简介 45
    3.2.2 安装 VirtualBox 46
    3.2.3 导入 Mininet 镜像 47
    3.2.4 自定义拓扑 52
3.3 Mininet 源码安装 55
3.4 Mininet 可视化应用 56

第 4 章　流表操作 60

4.1 流表设计 60
4.2 流表匹配 63
4.3 流表失配 63
4.4 流表查询优化 64
4.5 与传统网络的兼容性 65
4.6 流表应用实例 65

第 5 章　Open vSwitch 的安装和使用 69

5.1 Open vSwitch 简介 69
5.2 Open vSwitch 安装 71
5.3 Open vSwitch 基本操作 74
    5.3.1 控制管理类命令 74
    5.3.2 流表操作命令 76
5.4 OpenFlow 数据流分析 83

第 6 章 云网融合 86

6.1 云计算网络概述 86

6.2 云计算数据中心特性及网络需求 87

6.2.1 数据中心内部 87

6.2.2 数据中心之间 88

6.3 云计算数据中心的网络需求 89

6.3.1 数据中心内部 89

6.3.2 数据中心之间 91

6.3.3 用户与数据中心之间 91

6.4 基于 OpenStack 的 SDN 实践 91

6.4.1 OpenStack 概述 91

6.4.2 Neutron 及 SDN 插件 94

6.4.3 基于 OpenStack 的 SDN 实验环境搭建 95

6.4.4 启动计算节点 96

6.4.5 创建虚拟网络 96

6.4.6 创建虚拟机实例 98

第 7 章 SDN 应用开发 101

7.1 SDN 应用开发环境搭建 101

7.2 创建程序 103

7.3 增加服务 109

7.3.1 原理概述 109

7.3.2 创建程序 110

7.4 增加 REST API 114

第1章

SDN 概述

SDN（software defined network，软件定义网络）是当前网络领域的热点，被认为是未来网络的演进方向。但同时，它还有另外一个绰号—Still Don't kNow！不同的人，不同的组织，对 SDN 的理解也不尽相同，那么，SDN 究竟是什么？它是一项技术？一种网络？还是一类服务？随着 SDN 日益受到关注，各方参与者都从各自的角度进行了回答，这些答案丰富了 SDN 的内涵和外延，同时也为 SDN 蒙上了神秘的面纱。

很久以来，网络领域一直存在着一个讨论，即底层网络资源如何能更好地为上层业务及应用服务，做到资源的灵活调度与按需交付。为此，业界曾从通信技术的角度进行了很多尝试，但效果并不明显。而云计算、大数据等业务的兴起，对网络的改造需求越来越迫切，于是，业界开始从 IT 的视角看待网络，SDN 就是一个具有代表性的突破。SDN 倡导的标准化控制协议、软件化网络接口为资源的统一管理、业务的推陈出新提供了很好的支持，能够为用户提供更好的网络体验，提升了网络的价值。

扫一扫

SDN 的优势及核心技术

1.1 SDN 的定义及发展背景

关于 SDN 的定义众说纷纭，造成这种情况的原因是大家所处的角色不同，对于网络，主要包括4种角色类型，分别是网络的使用者、网络设备提供者、网络标准制定者、网络服务提供者。虽然不同的角色对 SDN 的描述和诉求不尽相同，但也达成了一些共识，即控制与转发的分离、逻辑上集中的控制、灵活的编程及接口开放。

SDN 是一种新兴的基于软件的网络架构及技术，其最大的特点在于具有松耦合的控制平面与数据平面，支持集中化的网络状态控制，实现底层网络设施对上层应用的透明。正如 SDN 的名字所言，它具有灵活的软件编程能力，使得网络的自动化管理和控制能力获得了空前的提升，能够有效地解决当前网络系统所面临的资源规模扩展受限、组网灵活性差、难以快速满足业务需求等问题。

SDN 概念被提出的确切时间和最初起源很难考证清楚，这主要是因为业界一直以来就有很多的研发工作在向着 SDN 的方向努力。但是，在当前来临的这一波 SDN 浪潮中，ONF（Open Networking Foundation，开发网络基金会）标准化组织无疑是潮流的引领者，其提出并倡导的基于 OpenFlow 的网络架构首次向业界全面系统地阐释了 SDN 的重要特性，从而成

扫一扫

SDN 定义及发展背景

为当前 SDN 发展的重要基础。而随着 SDN 日益获得关注成为网络领域的焦点，其内涵和外延也在不断丰富中，不同的参与者从各自的角度出发提出了很多存在差异的对于 SDN 的理解，因此当前存在着多种多样的 SDN 定义。其中，最具有代表性的除了 ONF 从用户角度出发定义的 SDN 架构外，还有 ETSI（European Telecommunications Standards Institute，欧洲电信标准化协会）从网络运营商角度出发提出的 NFV（network functions virtualization，网络功能虚拟化）架构。另外，2013 年 4 月，思科、IBM、微软等巨头联手推出名为 Open Daylight 的开源 SDN 项目，虽然该项目并非以制定标准为目标，但它非常有可能成为业界的事实标准。

本质上看，分离网络的控制平面与转发平面、实现网络状态的集中控制、支持灵活的软件编程等 SDN 的核心理念在网络领域并不是什么新鲜事，业界曾经对其开展了很多有益的研究和探索，但是长久以来一直没有获得非常卓著的成效。直到近年，SDN 才重新引起了业界的广泛关注，那么究竟为什么 SDN 会在这个时刻爆发？其最关键的原因是以云计算、大数据为代表的新兴业务所具有的需求推动了网络的这次变革。

众所周知，伴随着云计算及其相关业务的发展，服务器的应用需求产生了爆炸性的增长。受制于空间、能源等相关因素的影响，单纯使用物理服务器已经无法满足使用需求的增长。同时，单一物理服务器所具有的高运算能力也使得它可以承担更多的负载，于是以服务器虚拟化为代表的虚拟化技术日益成为主流。利用虚拟化软件创建的虚拟机，用户所需的资源可以被动态地分配，实现建立、删除、移动、变更等灵活的操作。但是，这也为相应的网络资源配置带来了巨大的压力，例如，虚拟机可能会因为资源优化或负载均衡等原因进行移动，从而导致对应物理节点上的数据流特征发生变化，同时虚拟机在迁移前后的网络寻址策略、命名空间等也可能出现冲突。另外，在当前的环境中，业务应用通常不再仅仅局限在单台服务器中运行，而可能分别部署在多台彼此进行数据通信的物理服务器或者虚拟机上，这就导致了横向数据流量的增加和变化，与之相应的网络资源也需要能根据流量模式的变化做及时调整。

随着社交网络、移动互联网、物联网等业务领域的快速发展，大数据（big data）正日益成为当前的焦点，其面向的海量数据处理也对网络提出了更高的要求。大数据应用依赖于预先定义好的计算模式，在集中化的管理架构下运行，存在着大量的数据批量传输及相关的聚合/划分操作。数据的聚合/划分通常发生在一台服务器和一个拥有众多服务器的服务器组之间，这也是大数据应用中最典型的网络流量模式。例如，在用于大数据处理的 MapReduce 算法的执行过程中，来自众多 mapper 服务器的中间结果需要集中汇总到一台 reducer 服务器上进行归约（reduce）操作，而 MapReduce 的洗牌（shuffle）过程更是由 mapper 和 reducer 之前的多次数据聚合组合而成。大数据处理过程中的每一次聚合都将导致大量服务器之间的海量数据交换，从而需要极高的网络带宽支持，而如果按照超额认购（oversubscribe）带宽的方式为每台服务器预留网络资源，将导致网络成为瓶颈，同时造成资源浪费。因此，对于大数据业务而言，它更需要对网络进行快速、频繁的实时配置，按需调用网络资源。

但是，传统的网络却难以满足云计算、大数据以及相关业务提出的灵活的资源需求，这主要是因为它已经过于复杂从而只能处于静态的运作模式。当前，网络中存在着大量各种各样的互不相干的协议，它们被用于在不同间隔距离、不同连接速度、不同拓扑结构的网络主机之间建立网络连接。因为历史原因，这些协议的研发和应用通常是彼此隔离的，每个协议通常只是为了解决某个专门的问题而缺少对共性问题的抽象，这就导致了当前网络中的复杂性。例如，为了在网络中增加或者删除一台设备，管理者们往往需要利用设备级的管理工具对与之相关的多台交换机、路由器、Web 认证门户等进行操作以更新相应的 ACL（access control list，访问控制列表）、VLAN 设置、QoS 及其他一些基于协议的机制。除此之外，网络拓扑结构、厂商交换机模型、软件版本等信息也需要被通盘考虑。传统网络的复杂性增加了网络管理的难度，进而导致网络的脆弱性。例如，如果在全网范围内下发策略，管理员通常需要配置不计其数的网络设备和策略机制，同时还很难确保网络策略在接入、安全、QoS 等方面都能够保持一致，所以非常容易出现策略不合规、网络安全降低等情况，这些对于业务应用的运行都是致命的因素。正是因为上述的复杂性，传统网络通畅都是维持在相对静态的状态，网络管理员通常都要尽可能地减少网络的变动以避免服务中断的风险。

正是在这一背景下，SDN 的概念被大家广泛接受和认同。逻辑上集中的控制层面能够支持网络资源的灵活调度，灵活的开放接口能够支持网络能力的按需调用，标准统一的南向接口能够实现网络设备的虚拟透明。这都有助于 SDN 去改变网络的静态化现状，并与以服务器领域为代表的动态化趋势相吻合，能够有力地为云计算、大数据以及更多的创新业务提供网络支持。

在学术界，以斯坦福大学为主导，联合美国国家自然科学基金会（National Science Foundation，NSF）以及工业界合作伙伴，共同启动了 Clean Slate（Clean Slate design for the Internet）项目。在此项目中，Martin Casado 博士领导了一个关于网络安全与管理的子项目 Ethane。该项目试图通过一个集中式的控制器，以方便网络管理员自主定义基于网络流的安全控制策略，并把这些安全策略应用到各种网络设备中，从而实现对整个网络通信的安全控制。受此项目的启发，Martin 和他当时的导师 Nick MeKeown 教授发现，如果将 Ethane 的设计更一般化，将传统网络设备的数据转发和路由控制两个功能模块相分离，通过集中式的控制器以标准化的接口对各种网络设备进行管理和配置，那么这将为网络资源的设计、管理和使用提供更多的可能性，从而更易推动网络的革新和发展。于是，他们便提出了 OpenFlow 的概念，并于 2008 年在 ACM SIGCOMM 上发表名为 *OpenFlow: Enabling Innovation in Campus Networks* 的论文。在这篇论文中，首次详细介绍了 OpenFlow 的概念，并列举了校园实验性通信网络协议支持、网络隔离、网络管理和访问控制等 OpenFlow 的六大应用场景。

1.2　网络发展的现状及遇到的问题

我们深知，计算机网络的出现和发展对近代文明和科技的发展影响巨大。从 20 世纪 70 年代开始，随着网络技术的迅速发展和网络规模的不断扩大，计算机网络已广泛应用于政府、军事、教育、科研、商业、娱乐、社交等各式各样的领域，并进入了千千万万个普通家庭。计算机网络成为人们获取知识和交流信息的一种十分重要的、快捷的手段，是实现信息资源共享的平台，深刻地影响着科学研究、社会管理和经济运行模式以及人们的工作、学习和生活方式。

然而,在计算机网络最初的设计过程中,人们没有预料到计算机网络的发展会如此迅速,因此,随着个人计算机能力的增强、技术的进步,尤其是在高性能计算、云计算、物联网等新技术大力发展的今天,计算机网络暴露了越来越多的问题。

1.2.1　计算机网络发展现状

20 世纪 60 年代至 70 年代,出于军事目的,美国国防部委托其所属的高级研究计划署于 1969 年成功研制了世界上第一个计算机网络——ARPAnet,将美国加州大学洛杉矶分校、加州大学圣巴巴拉分校、斯坦福研究院和犹他大学的计算机连接起来,形成了如图 1-1 所示的计算机网络模型,今后计算机网络也是基于这一模式发展和完善起来的。该模型以通信子网为中心,将多台计算机连成了一个有机的整体,原来单一主机的负载可以分散到全网的各个机器上,单机故障不会导致整个网络的全面瘫痪。

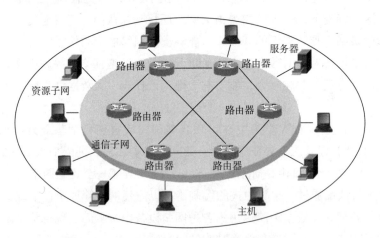

图 1-1　以通信子网为中心的计算机网络模型

ARPAnet 诞生之初,主要用于承载美国国防和军事部门的通信需求。为了将网络推广到更大的范围,满足全美国科学家、工程师共享网络的需求,美国国家科学基金会于 1985 年提供巨资建设了全美 6 个超级计算机中心(分别是匹兹堡超级计算机中心、康奈尔超级计算机中心、约翰·冯·诺依曼超级计算机中心、国家超级计算机中心、圣地亚哥超级计算机中心和国家大气研究中心),同时建设了将这些超级计算机中心和各科研机构互连的高速信息网络 NSFnet。1986 年 NSFnet 成为互联网第二个骨干网(并取代 ARPAnet,1990 年 ARPAnet 停止运行)。

NSFnet 对互联网的推广起到了巨大的推动作用,它使得互联网不再是仅有科学家、工程师、政府部门使用的网络,而是进入了以资源共享为中心的实用服务阶段。从此,互联网开始进入商业化发展阶段,开始向全世界扩展。

在互联网业务的发展驱动下,计算机网络技术也在不断完善和成熟,呈现出以下一些特征。

1. 小核心和大边缘的网络结构

自第一个分组网络诞生至今，计算机网络形成了以 IP 为核心的网络协议体系结构，如图 1-2 所示。

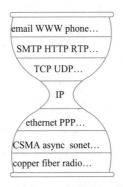

图 1-2 "细腰型" 网络协议结构现状

在该体系结构中，IP 协议是互联网的核心。对于高层协议而言，通过统一的 IP 协议层，屏蔽了底层技术各异、协议各异、服务质量各异的网络技术，使得底层的技术差异性对于高层可见，实现了 "IP over everything" 的目标。对于底层协议而言，实现了对高层业务（如语音、视频等实时业务，图片、数据等非实时业务）的统一封装，达到了 "everything over IP" 的目标。在这种 "细腰型" 的设计模式中，冲突检测、可靠传输等保证网络服务质量的手段向来不是 IP 协议关注的焦点。IP 协议仅保留了路由功能，构建了高效、简洁的网络核心，而将 QoS、冲突检测等推给了网络的高层去实现，保证了网络的良好可扩展性，使得计算机网络迅速从实验室走向了世界并在随后的发展过程中不断壮大，成为人们生活中不可或缺的一部分。互联网创始人之一 David Clark 将这种模式总结为 "边缘论"（end-to-end argument）：应用功能作为通信系统内在的性质是不可能的，只有被旋转于系统的边缘才能被完全和正确地实现。

2. 混合式的网络管理

个人计算机的应用和推广使得 PC 联网的需求不断增大。当通信范围扩大到成千上万的规模之后，两台 PC 之间的数据通信系统就变得异常复杂。据 Facebook 的研究显示，2015 年末全球互联网用户数量达 32 亿，2017 年达到 35 亿。在如此庞大的通信群体中，仅仅单纯地依靠网络人员对网络结构、网络设备、网络业务等进行配置远远不够，必须要有一种手段，使得网络具备一定的智能，将网管人员从纷繁复杂的工作中解放出来。

为了实现网络智能化的目的，目前的网络采用了混合的管理模式，将部分的网络管理功能固化在网络设备中，从而将网管人员从复杂的工作中解放出来。首先，网管人员通过网络管理软件或者命令行接口（command line interface，CLI）的方式登录到网络设备上，并对网络节点运行的协议、网络运行参数、路由规则等进行配置。随后网络管理人员退出网络管理和控制流程，由网络节点全权接管网络控制，并根据网管人员配置好的策略自治地规划网络路径，更新网络状态信息，执行 QoS 控制等。

网络节点以分布式处理的方式实现对网络的控制，即每个网络节点都具有独立的处理能力，每个节点自己获取网络状态信息并对信息进行处理。这使得网络控制和数据转发功能一起捆绑于网络节点上（包括二层交换机、三层交换机、路由器、防火墙、无线AP等）。

一般来说，交换机或路由器等网络节点的结构包含4个模块，如图1-3所示。

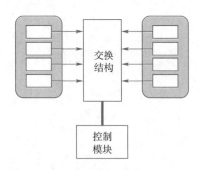

图 1-3　网络设备的逻辑功能结构

其中，输入端口主要执行数据信息的接入、查找转发表以及转发功能；交换结构是路由器／交换机中的网络，将输入端口连接至输出端口；输出端口执行数据转发至链中另一侧的功能；控制模块执行配置的控制信息、维护路由／转发表等。图1-3所示的控制模块通过信息交换的方式更新网络实时状态信息，构建网络拓扑；同时，基于网络配置的协议规则结合实时的网络状态信息和网络拓扑，为数据报文规划网络路径。通常情况下，这一模块通过软件的方式实现，并由固化于网络节点中的CPU执行处理，称为网络节点中的控制面；输入端口、交换结构、输出端口属于网络设备中的转发面，基于规划好的网络路径，执行数据转发，实现数据在网络节点之间的传输。数据转发功能则由转发芯片实现，转发性能的优劣由转发芯片来决定，称为网络节点中的转发面。

3. 多样化的互联网业务需求

用户对网络的需求是多样化的，如通过宽带网浏览最新的新闻资讯、发送电子邮件，或通过网络玩网络游戏实现自我价值，在虚拟世界获得尊重，再或使用网络进行协同办公、电子购物等。从互联网诞生至今，互联网业务在不断满足人们需求的过程中变得丰富多彩。

目前的互联网业务主要可以分为以下几种。

（1）互联网基础性业务：这类业务以实现信息共享、满足人们基础通信需求为目标，包括新闻资讯、信息搜索服务、邮箱、信息聚合类业务。

（2）商务应用类业务：借助于网络平台，商务类应用业务由线下的商务类活动发展演变而来，是一类给人们日常的工作和学习带来便利的线上业务，如电子商务、人才招聘、网络教育、在线金融等。

（3）交流娱乐类业务：这类业务是以满足人们日常生活中的精神、文化需求为目标而发展起来的，包括视频、网络游戏、即时通信等。

（4）互联网媒体：互联网作为一个全球性的基础设施，其覆盖范围之广、传播速度之快远远超越了传统媒体。为此，依托于互联网，网络广告、手机移动网、门户网站等互联网媒体类业务迅速发展起来，并成为互联网业务中不可缺少的一部分。

不同的互联网业务呈现着不同的业务特性，对网络服务也提出了不同的要求。以网络游戏和FTP文件传输为例，对于网络游戏玩家来说，一定范围内的数据分组丢失仅会造成部分画面不清楚，但是网络延迟造成的游戏界面不流畅则是用户无法忍受的；对于FTP文件传输则正好相反，用户对于传输过程中的可靠性要求较为苛刻，而对于网络延迟相对不敏感。

4. 网络向多维度扩展

随着物联网、移动互联网、4G/5G等通信技术的发展，网络在通信实体、网络规模等多个维度都得到了较大程度的扩展。

在通信实体方面，以计算机系统为主的通信实体已经扩展到了所有可以连接网络的电子设备，包括手机、平板电脑、无线传感器等；计算机网络的使用变得更为廉价和便捷，互联网已经融入了人们的生活中，它所承载的社会功能越来越多，社交网络、电子商务和电子政务等都逐渐向互联网发展。同时，伴随着微博等社交类业务的发展，互联网中的虚拟关系正与真实的社会人际关系相互融合，信息在网络中的传播和反馈呈现出社会性特点，网络行为折射了用户的价值取向。与此而来的则是互联网中的隐私和安全问题。CSDN和人人网账户信息泄露事件为网络安全问题敲响了警钟。

1.2.2 计算机网络发展遇到的问题

计算机网络最初的设计目标是实现多种网络之间的数据通信，因而形成了以IP为核心的小核心和大边缘的网络结构。然而，随着互联网规模的不断扩大、业务类型的不断扩展，在TCP/IP架构体系中发展而来的网络结构暴露出越来越多亟待解决的问题。日益突出的网络信息被窃取问题，恶意攻击、密码泄露、病毒、木马每年都会造成上亿美元的损失；网络地址消耗殆尽；臃肿不堪的网络路由无法满足云业务对网络的快速响应需求等。因此，网络工程师做了大量的改进和创新工作，提出了一系列方案来解决网络中遇到的问题，如IPSec、MPLS、IPv6等。

这种"补丁式"的措施虽然让网络在今天还可以继续工作，但这种模式下发展起来的互联网已经成为一个规模臃肿、结构繁杂、不可靠的系统，这又进一步加剧了网络数据层和网络控制层的压力，使得网络控制层更加复杂，难以适应目的网络业务的发展需求。

现有网络体系难以适应业务应用需求的突出矛盾表现在以下几个方面。

1. 业务需求多样化导致网络管理复杂度急剧提升

为了保证异构网络的互联互通，提供异构网络中高效、简单的数据传输逻辑，在传统的网络架构功能设计方面，仅在网络层和传输层保留核心通信功能，如数据分组转发、IP网和以太网的分布式路径计算逻辑等。网络服务的其他功能需求，如QoS、VLAN、流量控制，则由特定的协议来定义。网络的这种结构使得协议之间的交互和协调变得越来越复杂。

同时，在当前的网络结构中，网络控制与数据转发功能以紧耦合的方式固化于网络设备之上。网管人员需要通过网管系统或者CLI命令登录到网络节点上，并为其配置好VLAN、路由、QoS等策略。在业务日益丰富的网络环境下，任何业务的个性化需求都需要网管人员通过这种方式对各个网络节点进行单独配置。这种方式极大地增加了网络控制和管理的复杂度，给网管人员的工作也带来了不小的挑战。对于网管人员，一方面，要求对整个网络结构、网络部署情况、管理策略有非常清晰的了解，这样才能保证网络节点配置策略的正确性，避免不同网络节点之间配置策略的冲突；另一方面，还需要网管人员对管辖范围内的网络设备有全面的了解，包括设备支持的功能、网络设备的控制命令等。

2. 网络动态行为导致网络可控性越来越差

互联网发展至今，已成为一个庞大的复杂系统。其具体表现如下。

（1）系统的规模和用户数据巨大且仍在不断增长，以我国为例，截至2020年3月，网民人数已达到9.04亿。

（2）多网络融合发展；在现有的网络体系结构中，网络协议庞杂，不同网络层次上存在着多种网络协议；同时，在网络结构中，以地域和功能为标准进行网络划分，从而形成了分布且多级的架构。

（3）多种业务的集成与综合，业务量突发性日渐明显，不呈现明显规律。

在这一环境下，网络中的各方参与者、网络中的各类协议等使得网络行为不具备规律性，无法预测网络中可能出现的事件，网络的可控性越来越差。

3. 信息不透明导致资源大量浪费

在目前的网络结构中，分布式的网络管控模式使得网络信息不透明，网络节点之间的信息共享代价居高不下。这种不透明表现为以下两个方面。

一方面，大量的网络节点分散于网络中，并通过自治的方式完成网络数据传输、网络状态信息收集等功能。在这个过程中，网络节点中的控制面需要通过消息推送、轮询等方式完成网络节点之间状态信息、路由信息的交换和更新，耗费了大量节点计算资源和网络带宽资源。据统计，雅虎公司的中央数据库的拓扑结构发现功能通常需要耗费30%以上的CPU处理周期来重复检测周边的网络情况；30%~50%的互联网或广域网带宽被用于与业务无关的应用。

另一方面，网络层与业务层的信息不透明导致了网络资源的浪费。由于网络层缺乏对业务层的感知，为了承载更多的网络流量，网络服务提供商只能通过盲目地购买网络设备来扩充网络承载能力，从而造成了网络设备利用率低下和网络资源的极度浪费。随着网络规模的扩大和网络业务的不断丰富，单纯地通过加大网络基础设施的建设力度并不能从根本上解决问题。

4. 安全保障困难

在IP网络的最初设计理念中并未考虑到网络的安全问题。但是，随着技术的发展，网络攻击、网络犯罪等不安全的行为越来越多，安全威胁也越来越突出，网络攻击行为日趋复杂，网络安全防御变得越来越困难。1999年，梅利莎病毒使世界上300多家公司的计算机系统崩溃，造成近4亿美元的损失；2002年，英国黑客加里·麦金农伦被指控侵入美国军方90多个计算机系统，造成约140万美元的损失，美方称此案为史上"最大规模入侵军方网络事件"；2008年，一个全球性的黑客组织利用ATM欺诈程序在一夜之间从世界49个城市的银行中盗走900万美元。2011年，CSDN社区网站被入侵，近600万用户账号密码被泄露，对各大互联网公司包括新浪微博、腾讯QQ等造成严重威胁。据统计，目前我国95%与互联网相连的网络管理中心都遭到过境内外黑客的攻击或侵入，受害涉及的覆盖面越来越大、程度越来越深。同时，微软的官方统计数据称2002年互联网安全问题给全球经济直接造成了130亿美元的损失。如今，移动互联网发展势头强劲，手机、掌上电脑等无线终端已普遍接入网络，针对这些无线终端的网络攻击已经开始出现，并将进一步发展。

总之，网络安全问题变得更加错综复杂，影响将不断扩大，很难在短期内得到全面解决。安全问题已经摆在了非常重要的位置上，网络安全如果不加以防范，会严重地影响到网络的应用。近年来，人们逐渐开始认识到网络安全的重要性，并通过防火墙、防毒软件、邮件过滤等多种方式来增强互联网服务的安全性，但是这些方式在功能上较为分散和单一，并未形成规模化、统一化的安全防御手段，无法解决网络安全的根本问题。

5. 网络成本居高不下

在传统的互联网公司的数据中心中，不同设备的投资占比大约如下：计算设备：存储设备：网络设备为 5：4：1，即网络设备的投资占到数据中心设备的 10% 左右。这部分成本主要是购买交换机、路由器、网关、DPI、防火墙等网络设备。网络成本居高不下的原因主要在于以下两个方面。

（1）网络设备的专用化：在目前的网络中，网络安全、分组检测、网络过滤等网络功能均被固化至网络设备上，通过专用的网络安全设备来实现。网络设备的专用化特点使得网络中充斥着各种各样的设备，网络资源的共享困难重重，网络功能上线周期漫长。新的网络功能上线、网络设备扩容等都需要经历测试、招标、采购等一系列冗长的程序，这样就会直接或间接地推高网络采购成本和运维成本。

（2）网络设备的异构性：混合的网络管理模式使得部分的网络控制功能固化在交换机、路由器等设备上，相关的关键技术则掌握在设备厂商手中。不同厂商不同的实现技术和方式使得设备之间异构性较强，互通性较差。因而，网管人员无法灵活地对不同厂商的设备进行管理，只能把部分的运维工作外包给相应的厂商，提高了网络运维成本。

6. 绿色与节能

低碳节能已经成为全球最受关注的话题之一，VECCMEP 机构在《到 2050 年减半世界碳排放》的报告中指出：2020 年温室气体排放量将达到峰值。为此，2009 年的哥本哈根气候峰会将减少全球二氧化碳排放量作为首要讨论任务。2008 年服务于互联网的路由器、服务器、交换机、冷却设施、数据中心等各种设备总共耗电 8 680 亿千瓦·时，占全球总耗电量的 5.3%，到 2025 年，网络领域占有 IT 业的总能耗将增长到 43%。耗电问题已成为网络和信息系统持续发展的重大障碍。

现有网络系统设计的两个原则有悖于低碳节能的目标。

一是超额的资源供给：在目前的网络架构下，是按照网络业务的峰值需求来进行网络建设和规划的。因此，在闲时，网络中存在着大量的富余资源，如接入交换机中预留大量的网络端口、网络链路带宽的超额供给等。

二是网络系统的冗余设计：为了保证网络服务的可靠性，应对突发的网络故障，通常会在数据中心的核心层、主/备数据中心之间等网络的关键区域设置冗余设备和冗余链路。在网络状态良好的情况下，总是有部分的设备或链路处于闲置状态，在耗费资源的同时并未为网络贡献力量。随着网络规模的扩大和网络设备的不断更新，能量的利用日益暴露出能耗高、效率低、浪费多等问题。互联网骨干网络的忙时最大平均链路利用率不足 30%，很多网络的闲时链路利用率只有 5% 以下，而网络设备按照峰值设计消耗能量，绝大部分设备 7×24h 全速工作，这为绿色网络的构建提出了挑战也提供了机会。网络中能量浪费和能耗成本的约束，限制着系统性能进一步提高，尤其随着云计算和大规模数据中心这些"能耗大户"的发展，能耗因素往往成为限制其规模和服务能力的瓶颈。构建绿色网络、减少网络能耗成为计算机网络领域的一个意义重大、迫切需要解决的研究课题。

7. 云计算催生新的网络需求

网络作为一种基础平台，在企业全球化协作及商务运营等方面发挥着不可估量的巨大作用。随着云计算技术以及移动互联网的发展，在网络中发生超大规模的数据访问已经成为必然趋势。云计算的目标是在服务和数据中心之间创建一个流动的资源池，而用户可以根据需要存储数据和运行应用。因此，云计算网络有两个任务：将资源池变成一个虚拟资源，然后连接所有位置的用户到这些资源。

为了实现这些功能，不管是公有云、私有云或混合云，作为支撑的云计算网络都必须能够：① 在需要时增加和降低带宽；② 在存储网络、数据中心和局域网之间实现非常低延迟的吞吐能力；③ 允许在服务器之间实现无阻断的连接，以支持虚拟机的自动迁移；④ 能在不断变化的环境中始终提供可见性；⑤ 能使管理面板上的功能延伸到企业和服务提供商网络中。

这就要求企业必须构建一个灵活、有效率、智能的云计算数据中心网络。数据中心的发展代表了互联网最高技术的方向，集中了最大的服务器群、存储集群以及最大的网络带宽需求。由于新业务的不断涌现，当前信息的急剧膨胀使得数据中心网络需求面临着前所未有的巨大压力。

然而，目前的数据中心还是以传统数据中心为主，网络结构、网络规模都是以传统的业务模式为基础而设计的。随着云计算的到来，云计算服务要求的高灵活性、高可靠性等给网络带来了新的要求，如虚拟机迁移、网络虚拟化、网络按需服务等。在传统的网络结构中要解决这些问题困难重重。

1.3 SDN 实现方案

扫一扫

SDN 实现方案

SDN 的核心理念是控制面和转发面的分离，支持全局的软件控制。遵循这一理念，各种类型的厂商结合自身优势提出了很多类型的实现方案，总体可分为三类：基于专用接口的方案，基于叠加（overlay）网络的方案和基于开放协议的方案，如图1-4所示。

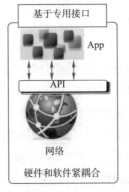
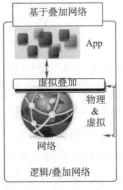

图 1-4 典型的 SDN 实现方案

1.3.1 基于专用接口的方案

基于专用接口的方案的实现思路是不改变传统网络的实现机制和工作方式，通过对网络设备的操作系统进行升级改造，在网络设备上开发出专用的 API 接口，管理人员可以通过 API 接口实现网络设备的统一配置管理和下发，改变原先需要一台台设备登录配置的手工操作方式，同时这些接口也可供用户开发网络应用，实现网络设备的可编程。这类方案由目前主流的网络设备厂商主导。

典型的基于专用接口的 SDN 实现方案是思科的 onePK（ONE platform kit，平台软件开发套件），它是思科的 ONE（open network environment，开放式网络环境）的一部分。ONE 是思科的 SDN 战略，其目标是构建一个完整开放的网络环境，使得网络更灵活、可定制，以便适应更新型的网络和 IT 趋势，其内容主要包括三方面：用于对思科的网络硬件进行编程的 onePK 接口，由支持 OpenFlow 协议和 onePK 接口的控制器和交换设备组成的软件定义网络以及用于云计算场景、可与多种虚拟化平台整合的虚拟网络设备（如 Nexus 1000V）。

onePK 作为 ONE 战略的重要组成部分，主要提供了一个网络编程环境，可以直接对思科的各种设备进行可编程操作，如图 1-5 所示。

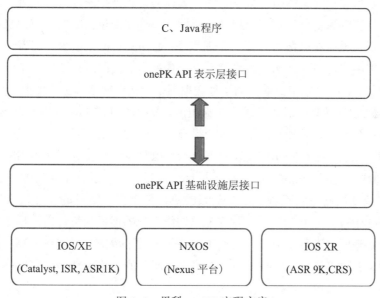

图 1-5　思科 onePK 实现方案

如图 1-5 所示，思科的 onePK 实现方案分为多个层次，既包括面向底层的网络设备接口，也包括面向上层的业务开放接口。onePK 能够对各种现有的思科操作系统和硬件平台进行深入的编程访问，其被推出的主要目的是应对 OpenFlow 在网络架构和设备等方面造成的巨大挑战和冲击。

基于专用接口的 SDN 实现方案的最大优点是能够依托网络设备厂商已有的产品体系，对现有的网络部署改动小，实施部署方便快捷。但是，因为该类方案中接口与设备之间存在紧耦合关系，所以它仍旧是一个封闭系统的解决方案，存在着网络设备和能力被厂商锁定的风险。

1.3.2 基于叠加网络的方案

基于叠加网络的方案的实现思路是以现行的 IP 网络为基础，在其上建立叠加的逻辑网络（overlay logical network），屏蔽掉底层物理网络差异，实现网络资源的虚拟化，使得多个逻辑上彼此隔离的网络分区以及多种异构的虚拟网络可以在同一共享网络基础设施上共存。该类方案的主要思想可被归纳为解耦、独立、控制三个方面。

（1）解耦是指将网络的控制从网络物理硬件中脱离出来，交给虚拟化的网络层处理。这个虚拟化的网络层加载在物理网络之上，屏蔽掉底层的物理差异，在虚拟的空间重建整个网络。因此，物理网络资源将被泛化成网络能力池，正如服务器虚拟化技术把服务器资源转化为计算能力池一样，它使得网络资源的调用更加灵活，满足用户对网络资源的按需交付需求。

（2）独立是指该类方案承载于 IP 网络之上，因此只要 IP 可达，那么相应的虚拟化网络就可以被部署，而无须对原有物理网络架构（例如，原有的网络硬件，原有的服务器虚拟化解决方案，原有的网络管理系统，原有的 IP 地址等）做出任何改变。该类方案可以便捷地在现网上部署和实施，这是它最大的优势。

（3）控制是指叠加的逻辑网络将以软件可编程的方式被统一控制。通过应用该方案，网络资源可以和计算资源、存储资源一起被统一调度和按需交付。以虚拟交换机为代表的虚拟化网络设备可以被整合在服务器虚拟化管理程序（Hypervisor）中统一部署，也可以以软件方式部署在网关中实现与外部物理网络的整合。各种虚拟化网络设备协同工作，在资源管理平台的统一控制下，通过在节点间按需搭建虚拟网络，实现网络资源的虚拟化。

基于叠加网络的方案并不是新近才被提出的，VLAN（虚拟局域网）就是典型的代表。但是，随着云计算等新兴业务对网络要求的提升，传统的技术已经难以满足要求，例如，业务只局限于同一二层网络，VLAN 数量有限影响多租户业务规模等。在当前的基于叠加网络的 SDN 实现领域，隧道（tunneling）技术被广泛应用，它可以基于现行的 IP 网络进行叠加部署，消除传统二层网络的限制。很多新兴的协议都采用了隧道的原理进行网络通信，如 VXLAN、NVGRE 等，它们均利用叠加在三层网络之上的虚拟网络传递二层数据包，实现了可以跨越三层物理网络进行通信的二层逻辑网络，突破了传统二层网络中存在的物理位置受限、VLAN 数量有限等障碍，同时还使得网络支持服务的可移动性，大幅度降低管理的成本和运营的风险。

该类方案主要由虚拟化技术厂商主导，例如，VMware 在其虚拟化平台中实现了 VXLAN 技术，微软在其虚拟化平台中实现了 NVGRE 技术，而其中最典型的代表是 Nicira 公司提出的 NVP（network virtualization platform，网络虚拟化平台）方案。NVP 支持在现有的网络基础设施上利用隧道技术屏蔽底层物理网络的实现细节，实现了网络虚拟化，并利用逻辑上集中的软件进行统一管控，实现网络资源的按需调度。该类解决方案与虚拟化管理的整合较便捷，但是在实际实施和应用中，其效果会受到底层网络质量的影响。同时，基于网络叠加的技术会增加网络架构的复杂度，并降低数据的处理性能。

1.3.3 基于开放协议的方案

基于开放协议的方案是当前SDN实现的主流方案，ONF SDN和ETSI NFV都属于这类解决方案，该类解决方案基于开放的网络协议，实现控制平面与转发平面的分离，支持控制全局化，获得了最多的产业支持，相关技术进展很快，产业规模发展迅速，业界影响力最大。因此，本书后续章节将对这类方案进行系统的分析和讲解，将以ONF提出的SDN架构定义作为基础展开论述。

1.3.4 SDN 实现方案分析

三种SDN典型实现方案都能够支持逻辑上集中的网络控制系统，并且具有丰富灵活的软件接口供上层调用底层设备能力。同时，转发层面设备的能力都被隐藏在软件接口之下，使设备的物理差异透明化。这都充分体现了其SDN的特征。其中，开放协议是最具革命性的技术流派，通过开放的架构和运作方式获得最广泛的支持，也是业务创新最活跃的流派；专用接口是传统网络设备厂商为了在SDN大潮来临之时继续保持其领先地位而做出的妥协；基于叠加网络的虚拟化是当前的一项热门技术，通过屏蔽底层物理设备的差异实现网络资源的池化，能够很好地满足云计算数据中心内部和之间的虚拟机迁移等业务场景的网络需求。

1.4 SDN 网络架构的优势

作为一种创新型的网络变革，SDN能够解决传统网络中无法避免的一些问题。

1.4.1 面向应用和业务的网络能力

建设互联网的初衷是在异构的、不同范围内的网络通信实体之间构建数据通路。然而，时至今日，随着网络业务的发展，网络已经成为传输内容、应用、存储等综合性服务的基础设施资源，越来越多、各式各样的需求也逐渐被加入网络中。例如，当网络发生拥塞时，FTP文件传输类应用希望可以牺牲网络即时性以换取数据传输的可靠性，从而保证所有数据均能被正确接收；视频类应用希望可以以数据的可靠性换取即时性，通过丢弃部分数据分组而保证视频的连续性。应用和业务的这些个性化需求使得越来越多的协议被加入网络协议结构中，带来了网络管理、网络可扩展等方面的问题。尤其是在云计算飞速发展的今天，云业务要求的高灵活、弹性可调度、网络即服务等特性给原本已经负荷累累的网络增压不小。

在SDN网络架构中，集中化的网络控制以及开放的网络编程接口，使得第三方的开发人员得以通过软件的形式对网络进行细粒度的控制和管理。首先，通过开放的控制器接口可以制定面向应用和业务的控制策略，如面向应用和业务的优先级设定与撤销、分组丢失策略，甚至是数据流的传输路径等。其次，集中化的网络控制使得这些控制策略能够快速地到达网络设备，并最终对业务和应用相关的数据流实施控制。

1.4.2 加快网络功能上线

在当前的网络架构下，网络控制和管理都固化在网络设备上。因而，网络服务提供商无法提供新的业务，必须等待设备提供商以及标准化组织同意，并将新的功能纳入专有的运行环境中才能实现。有时，由于多方利益冲突，新的功能标准化是一个漫长的等待过程，更不用说等到相关的标准新产品化了。或许等到现有网络真正具备了这一新的功能时，市场已经发生了很大变化。

有了SDN，形势发生了改变。SDN开放的、基于通用操作系统的可编程环境向开发人员提供标准的编程接口，使得任何网络功能均可以通过软件编程实现。因此，有实力的IT/电信运营商/大型企业、有开发兴趣的开发者均可以不求助于厂商和标准组织就自行实现新的功能。这种灵活的网络功能开发模式使得网络服务提供商可以根据客户的需求自行开发网络功能，加快了网络功能上线的速度。

1.4.3　提供良好的网络创新环境

如果一个研究机构希望在真实的网络环境中构建一个网络测试环境，以验证一种新型的网络协议，需要满足三个条件。

（1）修改设备的控制面，在控制面实现待测试的网络协议。

（2）保证测试设备能够无缝地融入网络环境中，并且要求这些测试设备的存在不会对原有网络的配置产生影响。

（3）对网络中的部分流量进行控制，将这部分流量引入至测试设备上进行实验和分析。

受限于这些条件，在真实的网络环境中验证新的网络协议非常困难。

正是基于这个原因，斯坦福大学提出了OpenFlow协议，并奠定了SDN网络架构的基础。在软件定义网络中，通过软件化的网络控制器，网络管理员得以将正常的数据流和实验流区分开来，并对不同的数据流设置不同的控制规则，从而控制实验网络流。软件定义网络的这一特性为高校、科研院所等开展网络实验提供了一个便利的平台，营造了一个良好的网络创新环境。

1.4.4　方便灵活的网络管理能力

软件定义网络的方便、灵活的网络管理能力体现在设备的配置和管理、网络数据流的控制和管理方面。

1. 网络设备的配置和管理

在传统的网络结构中，任何网络功能、结构的变化都会产生大量的网络配置工作，混合式的网络管理模式使得这些配置工作需要网管人员登录到网络设备上，并通过相关的操作命令进行配置。这种牵一发而动全身的管理工作给后续网络维护带来了巨大的挑战。尤其是随着虚拟化技术的大量引入，网络变得更加复杂，相应的网络管理工作也让人望而生畏。

软件定义网络通过标准化的南向接口实现了网络控制面与转发面的解耦，为网管人员提供了统一的网络管理视图。通过集中化的网络控制器，网管人员无须对异构的网络设备进行逐一配置，只需通过控制器即可对网络进行快速部署和配置，提供了更高效的网络管理和控制模式。

2. 网络数据流的控制和管理

在传统的网络架构中，为了实现网络数据的路由和转发，网络节点依据协议定义的方式

（如 OSPF、IGP 等协议），通过大量的信息交换构建网络视图，并基于该视图建立路由表或转发表。在这个过程中，大量的交互信息消耗了网络中宝贵的带宽资源和网络节点中的 CPU 资源。伴随着网络规模的扩张、虚拟技术的大量引入，路由表急速膨胀，资源消耗问题日益突出。

与传统的分布式网络管理不同，在软件定义网络中，网络控制器能够以集中式的方式对网络数据流进行控制和管理，包括任意网络节点之间的路由路径、数据流的服务质量、网络接入权限等，减少了交换信息传输以及资源消耗。

同时，集中式的网络管理还带来了以下两方面的好处。

（1）更强的网络预警和故障排除能力：在 SDN 架构中，通过标准化的南向接口，控制器收集了网络中所有的状态信息，包括网络设备状态、网络链路、端口状态等信息。结合这些信息，网络控制器可以绘制出实时的网络状态图，从而构建统一的网络监控视图。基于这一监控视图，网管人员能够及时地发现网络中存在的问题，如负载过重的网络节点、不正常的网络节点行为等，从而提高网络预警和故障排除能力。

（2）高效的网络流量调度能力：在传统的网络结构中，网络节点无法获知实时的全局网络状态信息，因此，网络流量调度无法达到全局最优。尤其是当两点之间存在多条冗余路径时，传统的网络路由算法只能从中选择最优的路径以传输两点之间的网络流量，而无法将流量分散至多条路径上，以达到均衡利用多条链路的目的。在软件定义网络中则不然，借助于统一、实时的网络状态视图，控制器可以为不同的网络流量规划不同的路径，以达到充分利用链路的目的。

1.5 SDN 的核心技术

SDN 的核心技术架构如图 1-6 所示。

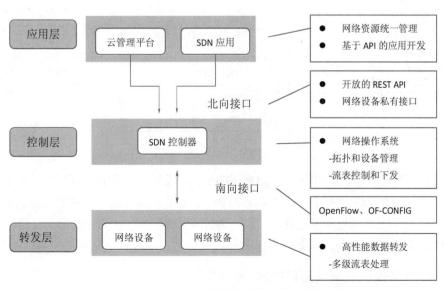

图 1-6　SDN 的核心技术架构

在SDN架构的每一层次上都具有很多核心技术，其目标是有效地分离控制层面与转发层面，支持逻辑上集中化的统一控制，提供灵活的开放接口等。其中，控制层是整个SDN的核心，系统中的南向接口与北向接口也是以它为中心进行命名的。

1.5.1 OpenFlow 技术

根据SDN架构定义，SDN交换机只负责网络数据的高速转发，而其中保存的用于进行转发决策的转发表信息则来自于SDN控制器。SDN控制器通过控制器南向接口对网络中所有的SDN交换机进行集中化统一管理，这也是SDN网络的另一个重要特点。目前OpenFlow是标准化组织ONF唯一确定的控制器南向接口，在SDN的发展中具有举足轻重的地位。

OpenFlow由ONF组织的Extensibility工作组负责维护。继OpenFlow v1.0于2009年12月发布后，迄今又有5个版本的标准被陆续推出，它们分别是v1.1、v1.2、v1.3、v1.4和v1.5，这些版本的OpenFlow均在前一版本标准的基础上进行了完善，其发布时间和主要特征如图1-7所示。

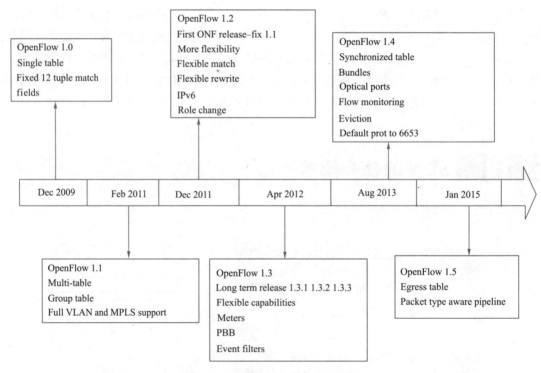

图 1-7 OpenFlow 标准演进示意图

如图1-7所示，随着SDN的兴起，OpenFlow也在不断演进和快速成熟中。本节将从另一个维度，对OpenFlow主要组件在各个版本的标准演进中的变化进行阐释和分析。如果读者希望对OpenFlow标准进行更深入细致的了解，请阅读和参考ONF主页上的相关文档，OpenFlow标准文档的参考链接为https://www.opennetworking.org/sdn-resources/onf-specifications。

1.5.2 SDN 交换机及南向接口技术

SDN交换机是SDN网络中负责具体数据转发处理的设备。本质上看，传统设备中无论是交换机还是路由器，其工作原理都是在收到数据包时，将数据包中的某些特征域与设备自身存储的一些表项进行比对，当发现匹配时则按照表项的要求进行相应处理。SDN 交换机也是类似的原理，但是与传统设备存在差异的是，设备中的各个表项并非是由设备自身根据周边的网络环境在本地自行生成的，而是由远程控制器统一下发的，因此各种复杂的控制逻辑（例如，链路发现、地址学习、路由计算等）都无须在 SDN 交换机中实现。SDN 交换机可以忽略控制逻辑的实现，全力关注基于表项的数据处理，而数据处理的性能也就成为评价 SDN 交换机优劣的最关键指标，因此，很多高性能转发技术被提出，例如，基于多张表以流水线方式进行高速处理的技术。另外，考虑到 SDN 和传统网络的混合工作问题，支持混合模式的 SDN 交换机也是当前设备层技术研发的焦点。同时，随着虚拟化技术的出现和完善，虚拟化环境将是 SDN 交换机的一个重要应用场景，因此 SDN 交换机可能会有硬件、软件等多种形态。例如，OVS（Open vSwitch，开放虚拟交换标准）交换机就是一款基于开源软件技术实现的能够集成在服务器虚拟化 Hypervisor 中的交换机，具备完善的交换机功能，在虚拟化组网中起到了非常重要的作用。

SDN 交换机需要在远程控制器的管控下工作，与之相关的设备状态和控制指令都需要经由 SDN 的南向接口传达。当前，最知名的南向接口莫过于 ONF 倡导的 OpenFlow 协议。作为一个开放的协议，OpenFlow 突破了传统网络设备厂商对设备能力接口的壁垒，经过多年的发展，在业界的共同努力下，当前已经日臻完善，能够全面解决 SDN 网络中面临的各种问题。当前，OpenFlow 已经获得了业界的广泛支持，并成为了 SDN 领域的事实标准，例如，前文提及的 OVS 交换机就能够支持 OpenFlow 协议。OpenFlow 解决了如何由控制层把 SDN 交换机所需的用于和数据流做匹配的表项下发给转发层设备的问题，同时 ONF 还提出了 OF-CONFIG 协议，用于对 SDN 交换机进行远程配置和管理，其目标都是为了更好地对分散部署的 SDN 交换机实现集中化管控。

关于 SDN 南向协议的进一步介绍，详见本书第 2 章。

1.5.3　SDN 控制器及北向接口技术

SDN 控制器负责整个网络的运行，是提升 SDN 网络效率的关键。SDN 交换机的"去智能化"、OpenFlow 等南向接口的开放，产生了很多新的机会，使得更多人能够投身于控制器的设计与实现中。当前，业界有很多基于 OpenFlow 控制协议的开源的控制器实现，如 NOX、Onix、Floodlight 等，它们都有各自的特色设计，能够实现链路发现、拓扑管理、策略制定、表项下发等支持 SDN 网络运行的基本操作。虽然不同的控制器在功能和性能上仍旧存在差异，但是从中已经可以总结出 SDN 控制器应当具备的技术特征，从这些开源系统的研发与实践中得到的经验和教训将有助于推动 SDN 控制器的规范化发展。另外，用于网络集中化控制的控制器作为 SDN 网络的核心，其性能和安全性非常重要，其可能存在的负载过大、单点失效等问题一直是 SDN 领域中亟待解决的问题。当前，业界对此也有了很多探讨，从部署架构、技术措施等多个方面提出了很多有创见的方法。

SDN 北向接口是通过控制器向上层业务应用开放的接口，其目标是使得业务应用能够便利地调用底层的网络资源和能力。北向接口是直接为业务应用服务的，其设计需要密切联系业务应用需求，具有多样化的特征。同时，北向接口的设计是否合理、便捷，以便能被业务应用广泛调用，会直接影响到 SDN 控制器厂商的市场前景。因此，与南向接口方面已有 OpenFlow 等国际标准不同，北向接口方面还缺少业界公认的标准，成为当前 SDN 领域竞争的焦点，不同的参与者或者从用户角度出发，或者从运营角度出发，或者从产品能力角度出发提出了很多方案。虽然北向接口标准当前还很难达成共识，但是充分的开放性、便捷性、灵活性将是衡量接口优劣的重要标准，例如，REST API 就是上层业务应用的开发者比较喜欢的接口形式。部分传统的网络设备厂商在其现有设备上提供了编程接口供业务应用直接调用，也可被视为北向接口之一，其目的是在不改变其现有设备架构的条件下提升配置管理灵活性，应对开放协议的竞争。

1.5.4　应用编排和资源管理技术

SDN 网络的最终目标是服务于多样化的业务应用创新。因此，随着 SDN 技术的部署和推广，将会有越来越多的业务应用被研发，这类应用将能够便捷地通过 SDN 北向接口调用底层网络能力，按需使用网络资源。

SDN 推动业务创新已经是业界不争的事实，它可以被广泛地应用在云数据中心、宽带传输网络、移动网络等多种场景中，其中为云计算业务提供网络资源服务就是一个非常典型的案例。众所周知，在当前的云计算业务中，服务器虚拟化、存储虚拟化都已经被广泛应用，它们将底层的物理资源进行池化共享，进而按需分配给用户使用。相比之下，传统的网络资源远远没有达到类似的灵活性，而 SDN 的引入则能够很好地解决这一问题。SDN 通过标准的南向接口屏蔽了底层物理转发设备的差异，实现了资源的虚拟化，同时开放了灵活的北向接口供上层业务按需进行网络配置并调用网络资源。云计算领域中知名的 OpenStack 就是可以工作在 SDN 应用层的云管理平台，通过在其网络资源管理组件中增加 SDN 管理插件，管理者和使用者可利用 SDN 北向接口便捷地调用 SDN 控制器对外开放的网络能力。当有云主机组网需求（例如，建立用户专有的 VLAN）被发出时，相关的网络策略和配置可以在 OpenStack 管理平台的界面上集中制定并进而驱动 SDN 控制器统一地自动下发到相关的网络设备上。因此，网络资源可以和其他类型的虚拟化资源一样，以抽象的资源能力的面貌统一呈现给业务应用开发者，开发者无须针对底层网络设备的差异耗费大量开销从事额外的适配工作，这有助于业务应用的快速创新。

SDN 南向协议

本章详细介绍 SDN 架构中的南向接口协议,包括 SDN 南向协议简介、狭义 SDN 南向协议、广义 SDN 南向协议、完全可编程的南向协议和 SDN 南向协议标准之战。狭义 SDN 南向协议将以 OpenFlow 为例展开介绍;广义 SDN 南向协议将以 OVSDB 和 NETCONF 等为代表进行介绍;完全可编程的南向协议将介绍 POF 和 P4。

2.1 SDN 南向协议简介

在 SDN 架构中,网络的控制平面和数据平面相互分离,并通过南向协议进行通信,使得逻辑集中的控制器可以对分布式的数据平面进行编程控制。南向协议提供的可编程能力是当下 SDN 可编程能力的决定因素,所以南向协议是 SDN 最核心、最重要的接口标准之一。

SDN 南向协议尝试为网络数据平面提供统一的、开放的和具有更多编程能力的接口,使得控制器可以基于这些接口对数据平面设备进行编程控制,指导网络流量的转发等行为。根据南向协议提供的可编程能力可以将 SDN 南向协议分为狭义 SDN 南向协议和广义 SDN 南向协议两大类。

狭义的 SDN 南向协议具有对数据平面编程的能力,可以指导数据平面设备的转发操作等网络行为,典型的 SDN 南向协议有 OpenFlow 协议等。OpenFlow 协议可以通过下发流表项来对数据平面设备的网络数据处理逻辑进行编程,从而实现可编程定义的网络。所以狭义 SDN 南向协议的关键在于是否具有确切的数据平面可编程能力。

根据此定义,POF 协议 / 架构和 P4 语言 / 协议也可以归类到 SDN 狭义南向协议的范畴,但由于这两者比 SDN 南向协议有更通用的抽象能力,其能力范围已经超越了狭义 SDN 南向协议的定义,所以并不能简单归类到狭义 SDN 南向协议。POF 不仅可以实现软件定义的网络数据处理,而且还可以实现软件定义的网络协议解析,即 POF 可以实现对数据平面协议解析过程和数据处理过程两部分的软件定义,拥有数据平面编程能力,支持协议无关的转发,是完全可编程的南向协议。而 OpenFlow 仅支持通过软件定义网络数据的处理逻辑,无法对数据平面数据解析逻辑进行编程,所以当需要支持新网络协议时,就暴露出抽象能力不足的缺点。类似的,P4 也是一个可对数据解析逻辑和数据处理逻辑编程的语言或者框架。P4 不仅是一个 SDN 南向协议,还是一门网络编程语言,即可以通过 P4 协议对底层交换机进行编程控制。因为 P4 的范围超越了纯粹的 SDN 南向协议,包含了网络编程语言的概念,所以将其放在完全可编程南向协议部分介绍。本质上,POF 和 P4 更准确的归类应该是完全可编程的通用抽象模型,因为它们同时支持数据平面和控制平面的软件定义。

广义的 SDN 南向协议主要分为三种类型。第一种是仅具有对数据平面配置能力的南向协议;第二种是应用于广义 SDN,具有部分可编程能力的协议;第三种是本来就存在,其应用范围很广,不限于应用在 SDN 控制平面和数据平面之间传输控制信令的协议。

第一种网络设备配置类型协议的代表有 OF-Config、OVSDB 和 NETCONF 等协议。目前,这些南向协议已经被 OpenDaylight 等许多 SDN 控制器支持。然而,它们只是能对网络设备的资源进行配置,无法指导数据交换。不过,这些协议应用于 SDN 控制器和数据交换设备之间,所以也属于 SDN 南向协议范畴。配置型南向协议是 OpenFlow 等狭义 SDN 南向协议的补充,完成对设备资源的配置。

第二种广义的 SDN 南向协议是应用于广义 SDN 架构的南向协议,如应用于 ACI 架构的 OpFlex 协议。在 ACI 架构中,数据平面设备依然保留了很多控制逻辑,甚至更智能,依然负责数据转发等功能,但支持远程控制器通过 OpFlex 协议来下发策略,指导数据转发设备去实现某一个网络策略。然而,OpFlex 是声明控制(declarative control)的协议,其中传输网络策略,并不规定实现网络策略的具体方式,具体实现方式由底层设备实现。在这种情况下,OpFlex 具有可编程能力,但是仅拥有很弱的编程能力,无法做到更细致粒度的调度和控制,所以将其归类到广义的 SDN 南向协议中。

第三种广义 SDN 南向协议是可应用于 SDN 的南向协议,其代表有 PCEP 和 XMPP。两者本质上都具有可编程能力,但均不是专门为 SDN 而设计的,而是本来就存在,只是被应用在 SDN 框架中,所以将其归类为广义 SDN 南向协议。而 XMPP 可被应用于许多场景,如网络聊天等,其被应用于 SDN 只是因为其功能适合携带南向数据,所以,也将 XMPP 归类到广义 SDN 南向协议中。

2.2 狭义 SDN 南向协议

本节以 OpenFlow 协议为例介绍狭义的 SDN 南向协议。

1. OpenFlow 简介

2008 年 3 月 14 日,Nick McKeown 教授在论文 *Enabling Innovation in Campus Networks* 中提出了 OpenFlow 协议,从而使得这个从斯坦福大学 Clean Slate 项目中孵化出来的协议走向世界。论文首先分析了技术的发展对网络可编程的需求,然后介绍了 OpenFlow 的原理,包括 OpenFlow 交换机和 OpenFlow 控制器的设计。OpenFlow 是第一个 SDN 控制平面和数据平面之间交互的通信接口,也是目前最流行的 SDN 南向协议。

2009 年 OpenFlow 1.0 版本协议标准正式发布,OpenFlow 正式进入工业界的视野。2011 年 3 月,谷歌等企业联合成立了开放网络基金会(Open Networking Foundation,ONF)。ONF 的成立是 OpenFlow 发展史上的一个重要的里程碑事件,标志着 OpenFlow 协议开始了工业标准规范化的进程。

2. OpenFlow 原理

在 OpenFlow 1.0 版本规范中定义了 OpenFlow 交换机、流表和 OpenFlow 通道，其架构示意图如图 2-1 所示。

3. OpenFlow 交换机

OpenFlow 交换机可以分成流表和安全通道两部分。顾名思义，流表就是用于存放流表项的表，在 OpenFlow 协议规范中，控制器可以给交换机下发流表项来指导交换机处理匹配流表项的数据包。安全通道是用于和控制器通信的安全连接。安全通道可以直接建立在 TCP 之上，也可以基于 TLS 加密之后的 Socket 建立。

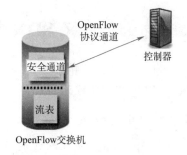

图 2-1　OpenFlow 1.0 架构示意图

在 OpenFlow 交换机和控制器连接的初始化阶段，需要将自身支持的特性和端口描述信息上报给控制器。当数据包从入端口进入交换机且匹配流表项失败时，就会将数据包放在 Packet-in 报文中上报到控制器。控制器接收到 Packet-in 报文之后，可以选择下发流表项和下发 Packet-out 报文等方式来告知交换机如何处理这个数据流。因此，在 OpenFlow 的协议架构中，交换机成为了策略的执行者，而网络的相关策略需要由控制器下发。随着 OpenFlow 协议的发展，OpenFlow 又新增了组表和 Meter 表两种表，所以支持高版本协议的 OpenFlow 交换机中存在流表、组表和 Meter 表三种表。

目前，支持 OpenFlow 协议的设备分为 OpenFlow 交换机和支持 OpenFlow 协议的交换机两种。前者只有 OpenFlow 协议栈，而后者拥有 OpenFlow 协议和传统的网络协议栈，可以支持两种运行模式。

4. OpenFlow 发展趋势

自 OpenFlow 1.0 版本发布以来，最新版本已经更新到 OpenFlow 1.5 版。目前业界支持的稳定版本是 1.0 和 1.3 版，而随着技术的发展，1.3 版将成为支持最广泛的稳定版本。

OpenFlow 协议作为 SDN 第一个南向接口协议，自 1.0 版本发布以来就得到了业界的广泛关注。随着 ONF 的成立，OpenFlow 协议正式进入标准化进程。而随着工业界越来越多的设备厂商开始推出支持 OpenFlow 的商用交换机，OpenFlow 协议在产业界的落地和推广进入了加速期。

在 OpenFlow 应用方面，谷歌树立了一个榜样。谷歌使用基于 OpenFlow 协议的 SDN 架构来优化其数据中心之间的 WAN 的流量，并结合其三年的运行数据，总结发表了论文 *B4:Experience with a globally-deployed software defined WAN*。到目前为止，这一真实的案例始终是 OpenFlow 可行性的重要证明之一。此外，OpenFlow 目前已经被运营商等采用并部署到各种各样的业务场景，其中数据中心网络、广域网和园区网等场景是 OpenFlow 部署的典型场景。

虽然 OpenFlow 并不是部署 SDN 必需的协议，但是在和其他 SDN 南向协议竞争的过程中，OpenFlow 依然占据绝对优势。在当下的学术界中，OpenFlow 是事实上的开放标准。而在工业界中，除了某些巨头依然拒绝采用 OpenFlow 协议，其他厂商的绝大部分 SDN 产品都支持 OpenFlow 协议。短期内，尚未出现一种可以和 OpenFlow 竞争的南向协议，所以，OpenFlow将在未来成为SDN南向协议事实上的开源标准，而其他南向协议标准将与OpenFlow共存。

2.3　广义 SDN 南向协议

为了更好地理解SDN南向协议，本节以OF-Config、OVSDB、NETCONF、XMPP、PCEP和OpFlex协议为例介绍广义的SDN南向协议。

2.3.1　OF-Config

在OpenFlow协议的规范中，控制器需要和配置完成的交换机进行通信。而交换机在正常工作之前，需要对其功能、特性及资源进行配置才能正常工作。而这些配置超出了Open Flow协议规范的范围，理应由其他的配置协议来完成。OF-Config（OpenFlow management and configuration protocol）协议就是一种OpenFlow交换机配置协议。OF-Config由ONF于2012年1月提出，目前已经演化到1.2版本。OF-Config协议与交OpenFlow及交换机之间的关系如图2-2所示。

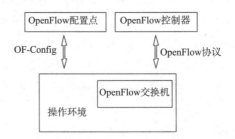

图 2-2　OF-Config 与 OpenFlow 及 OpenFlow 交换机之间的关系图

作为一种交换机配置协议，OF-Config的主要功能包括进行交换机连接的控制器信息、端口和队列等资源的配置及端口等资源的状态修改等。为满足实际网络运维的要求，OF-Config支持通过配置点对多个交换机进行配置，也支持多个配置点对同一个交换机进行配置。此外，作为一个配置协议，OF-Config也要求连接必须是安全可靠的。

为了满足OpenFlow版本更新的需求及协议的可拓展要求，OF-Config采用XML来描述其数据结构。此外，在OF-Config的初始规范中也规定了采用NETCONF协议作为其传输协议。由于OF-Config协议没有和数据交换和路由等模块直接相关，所以相比于对实时性要求高的OpenFlow等南向协议而言，OF-Config协议对实时性要求并不高。

OF-Config协议主要分为Server和Client两部分，其中Server运行在OpenFlow交换机端，而Client运行在OpenFlow配置点上。本质上，OpenFlow配置点就是一个普通的通信节点，其可以是独立的服务器，也可以是部署了控制器的服务器。通过OpenFlow配置点上的客户端程序可以实现远程配置交换机的相关特性，例如，连接的控制器信息及端口和队列等相关配置。最新的1.2版本的OF-Config协议支持OpenFlow 1.3版本的交换机配置，其支持的配置内容如下。

（1）配置 datapath（在 OF-Config 协议中称为 OpenFlow 逻辑交换机）连接的控制器信息，支持配置多个控制器信息，实现容灾备份。

（2）配置交换机的端口和队列，完成资源的分配。

（3）远程改变端口的状态及特性。

（4）完成 OpenFlow 交换机与 OpenFlow 控制器之间安全链接的证书配置。

（5）发现 OpenFlow 逻辑交换机的能力。

（6）配置 VXLAN、NV-GRE 等隧道协议。

OF-Config 采用 XML 来描述其数据结构，其核心数据结构的 UML 图如图 2-3 所示。其中，OpenFlow 交换机是由 OpenFlow 逻辑交换机类实例化出来的一个实体，用于与 OpenFlow 配置节点通信，并由配置节点对其属性进行配置。OpenFlow 逻辑交换机是指对 OpenFlow 交换机实体的逻辑描述，用于指导物理交换要进行相关动作，也是与 OpenFlow 控制器通信的实体。OpenFlow 逻辑交换机拥有包括端口、队列、流表等资源。

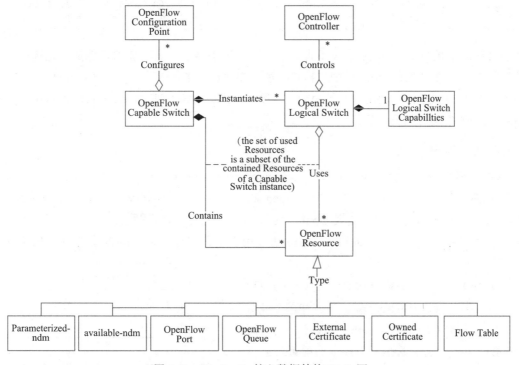

图 2-3　OF-Config 核心数据结构 UML 图

作为 OpenFlow 的伴侣协议，OF-Config 很好地填补了 OpenFlow 协议规划之外的内容。在 OpenFlow 协议的 SDN 框架中，需要如 OF-Config 这样的配置协议来完成交换机的配置工作，包括配置控制器信息等内容。当交换机和控制器建立连接之后，将通过 OpenFlow 协议来传递信息。从面向对象的角度考虑，OpenFlow 协议是控制器指导交换机进行数据转发的协议，其规范的范围理应仅包括指导交换机对数据流进行操作，而不包括对交换机的资源进行配置。所以交换机配置部分的工作应该由 OF-Config 等配置协议来完成。

OF-Config协议是对OpenFlow协议的补充，其设计动机、设计目标和实现方式等都不一样。但值得注意的是，OpenFlow逻辑交换机的某些属性均可以通过OpenFlow协议和OF-Config协议来进行配置，所以两个协议也有重叠的功能。OpenFlow和OF-Config的设计动机等对比如表2-1所示。

表 2-1   OpenFlow 与 OF-Config 的差异

	OpenFlow	OF-Config
设计动机	通过修改流表项等规则来指导 OpenFlow 交换机对网络数据包进行修改和转发等动作	通过远端的配置点来来对多个 OpenFlow 交换机进行配置，简化网络运维工作
传输	通过 TCP、TSL 或者 SSL 来传输 OpenFlow 报文	通过 XML 来描述网络配置数据，并通过 NETCONF 来传输
协议终结点	OpenFlow 控制器（代理或者中间层在交换机看来就是控制器） OpenFlow 交换机 /datapath	OF-Config 配置点 支持 OpenFlow 的交换机
使用案例	OpenFlow 控制器下发一条项指导交换机将从端口 1 进入的数据包丢弃	通过 OF-Config 配置点将某个 OpenFlow 交换机连接到指定的控制器

随着SDN的发展，OpenFlow不再是唯一的，也不再是必需的选项。但是无论选择哪一种南向协议，都需要通过交换机配置协议，所以相比OpenFlow而言，OF-Config似乎更有生命力。因此OF-Config在SDN发展的很长一段时间内，将拥有稳定的技术市场，这个趋势和OpenFlow的发展有很大的关系。

2.3.2   OVSDB

OVSDB（the open vswitch database management protocol，OVS的数据库管理协议）是由SDN初创公司Nicira开发的专门用于Open vSwitch（以下简称OVS）的管理和配置协议。OVSDB与OF-Config类似，都是OpenFlow交换机配置协议，但两者的区别在于，OVSDB仅用于OVS的配置和管理，而OF-Config可以用于所有支持OpenFlow的软件或者硬件的交换机。

OVSDB协议的架构也和OF-Config类似，同样分为Server端和Client端，具体如图2-4所示。Server端对应的是ovsdb-server进程，而Client则运行在远端的配置节点上。配置节点可以是部署控制器的服务器，也可以是其他的任意终端。从图2-4中可以看出，OVS由ovsdb-server、ovs-vswitchd和Forwarding-Path三个主要模块组成。其中，ovsdb-server进程负责存储OVS相关数据并对接OVSDB接口；ovs-vswitchd进程提供OpenFlow接口，用于和控制

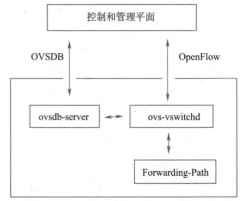

图 2-4   OVS 与 OVSDB、OpenFlow 的关系图

器相连；Forwarding-Path模块则负责数据转发相关行为。通过OVSDB协议可以完成OVS实例的配置和管理，其主要支持的动作如下。

（1）创建、修改和删除datapath，也即网桥。

（2）配置datapath需要连接的控制器信息，包括主控制器和备份控制器。

（3）配置OVSDB服务器需要连接的管理端。

（4）创建、修改和删除datapath上的端口。

（5）创建、修改和删除datapath上的隧道接口。

（6）创建、修改和删除队列。

（7）配置QoS策略。

（8）收集统计信息。

OVSDB协议采用JSON进行数据编码，并通过RPC来实现数据库的各种操作。其支持的RPC方法如下。

（1）List Databases：获取OVSDB能访问的所有数据库。

（2）Get Schema：获取某个数据库的描述信息。

（3）Transact：按照顺序执行动作集。

（4）Cancel：取消指定ID的动作，属于JSON–RPC消息，无回复报文。

（5）Monitor：监视指定数据库的动态。

（6）Update Notification：由服务器发出的更新通知。

（7）Monitor Cancellation：取消监视。

（8）Lock Operations：获取某数据库的锁操作。

（9）Locked Notification：获得锁的通知。

（10）Stolen Notification：请求从其他锁拥有者处获取数据锁。

（11）Echo：用于保持通信活性。

通过以上的RPC方法就可以实现对OVS的配置。为了满足多配置节点协作的要求，OVSDB设计了LOCK等操作，从而保证数据读写的顺序，保证数据一致性。以上的RPC方法中最重要的一个动作是Transact。一般的，Transact动作会携带一系列的数据库操作指令，从而对数据库的具体数据项进行操作，具体的操作包含如下动作。

（1）Insert：往表中插入数据。

（2）Select：从表中筛选数据项。

（3）Update：更新表项。

（4）Mutate：对数据库中的数据进行计算。

（5）Delete：删除数据库内容。

（6）Wait：等待条件成立执行动作。

（7）Commit：提交数据持久化请求。

（8）Abort：取消某操作。

（9）Comment：评价，为操作添加必要说明。

（10）Assert：断言操作，如管理端不拥有数据修改锁则取消操作。

随着虚拟机及Docker等虚拟化技术在数据中心及实验环境中越来越普及，OVS作为虚拟机和Docker与物理网络通信的关键节点越来越重要。面对成千上万需要配置的OVS，需要自动化的配置方式来提高配置效率。OVSDB支持通过配置节点对多OVS进行配置，可以提高交换机的配置效率。因此专门用于配置OVS的配置协议OVSDB，在未来将得到更多的关注。

2.3.3 NETCONF

NETCONF是由IETF（Internet Engineering Task Force，国际互联网工程任务组）的NETCONF小组于2006年12月提出的基于XML的网络配置和管理协议。在NETCONF之前提出的SNMP的设计目的是实现网络设备的配置，但是由于SNMP在网络配置方面能力较差，所以在实际应用中常被用于网络监控而非网络配置。为了弥补SNMP的不足，IETF提出了NETCONF。基于在网络配置方面的高效，NETCONF成为了许多网络设备的配置协议，促进了网络设备自动化配置的发展。也正因为它高效的优点，NETCONF也被OpenDaylight等多种SDN控制器支持。

NETCONF支持对网络设备配置信息的写入、修改和删除等操作，其数据采用XML格式描述，其操作是通过RPC来实现的，整体报文通过传输层协议进行传输。NETCONF协议层次如图2-5所示，其中包括如下4个子层。

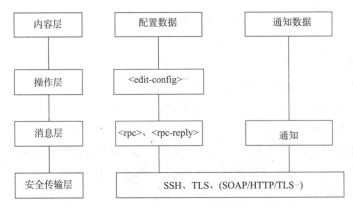

图 2-5　NETCONF 协议层次图

（1）内容层：包括配置数据和通知数据等具体的数据内容。

（2）操作层：定义了edit-config、get-config、delete-config和copy-config等操作，实现数据库操作。

（3）消息层：提供RPC接口，用于实现远程调用和通知。

（4）安全传输层：提供安全、可靠传输的安全传输层。在NETCONF标准中并没有规定采用什么样的传输协议，所以可以采用SSH、TLS或SOAP等其他协议作为传输协议。

作为一个网络配置协议，NETCONF协议最突出的优点是定义了一系列完整的操作动作。这些动作都可以通过RPC来执行，从而完成网络设备配置。除了这些基本操作以外，还可以通过NETCONF的Capabilities来拓展新的内容，所以NETCONF具有很好的可拓展性，可以满足多种具体需求。具体的操作及其简要描述如表2-2所示。

表 2-2　NETCONF 操作简介

具体操作	简要描述
<get>	获取运行状态的配置信息和设备状态信息
<get-config>	获取部分或全部的配置信息
<edit-config>	对配置信息进行增加、删除和覆盖等修改操作
<copy-config>	复制完整的配置数据库到其他的配置数据库
<delete-config>	删除配置数据
<lock>	对设备的配置数据库加锁
<unlock>	释放加锁数据库上的锁
<close-session>	发起 NETCONF 会话的终止请求
<kill-session>	强制关闭 NETCONF 的会话通信

　　NETCONF 虽然是多个 SDN 控制器支持的南向协议之一，但它无法指导交换机进行数据转发处理，它的定位依然还是网络设备配置协议，与 OF-Config 和 OVSDB 类似。对于传统设备而言，使用 NETCONF 等协议进行配置之后即可开始工作，无须用 OpenFlow 等其他协议来控制数据转发逻辑。而对于 SDN 设备，不仅需要 NETCONF 这类配置协议来配置，还需要 OpenFlow 等协议来指导交换机的数据交换等功能。

　　由于 NETCONF 支持通过远端编程实现设备的编程配置，所以 NETCONF 是一种广义的 SDN 南向协议。NETCONF 提供的可编程配置能力使得控制器可以实现自动化的设备配置，这满足了 SDN 可编程的特点。但 NETCONF 具有的可编程能力过于简单，只支持设备配置，而不支持软件定义数据转发，所以 NETCONF 属于广义 SDN 范畴。

　　在 SDN 的发展过程中，大多数控制器都会支持 NETCONF 协议。究其原因，一方面，NETCONF 协议使得网络设备厂商们在保障产品核心功能依然绑定的硬条件下，实现软件定义的配置，从而实现了广义的 SDN。此举回避了直接使用 OpenFlow 交换机的问题，避免网络设备领域重新洗牌。另一方面，对于服务提供商而言，大量的传统设备依然需要管理，部署 SDN 的同时也需要保障已有设备的可用性，所以采用 NETCONF 是两全其美的方案。基于以上两方面的考虑，因为使用 NETCONF 能统一管理和配置 SDN 设备和传统网络设备，所以许多控制器如 OpenDaylight 等都支持 NETCONF 协议。

2.3.4　OpFlex

　　OpFlex 是思科提出的一个可拓展 SDN 南向协议，用于控制器和数据平面设备之间交换网络策略。自 SDN 出现之后，其数控分离的设计使得交换机趋向于白盒（white box）化，严重冲击了传统设备厂商的市场地位。为了应对这一趋势，网络设备厂商领域的领头羊思科推出了 ACI（application centric infrastructure），即以应用为中心的基础设施。ACI 的技术重点在底层的硬件设施，而不在控制平面，但 ACI 支持软件定义数据平面策略，所以 ACI 也是一种广义的 SDN 实现方式。在 ACI 架构中可以通过集中式的 APIC（application policy infrastructure controller）来给数据平面设备下发策略，实现面向应用的策略控制。APIC 和数据平面设备之间的南向协议就是采用了 OpFlex。2014 年 4 月，OpFlex 的第一版草案被提交到了 IETF，开始了标准化进程。在标准化期间得到了微软、IBM、F5 和 Citrix 等企业的支持，并于 2015 年 10 月开始了第三版标准化草案修改。

　　OpFlex 可以基于 XML 或者 JSON 来实现，并通过 RPC 来实现协议操作。OpFlex 的架构如图 2-6 所示。目前 OpenDaylight 已经支持 OpFlex 协议，数据平面的交换设备如 OVS 在部署 OpFlex 代理之后也可以支持 OpFlex。在 OpFlex 协议中，协议的服务端是逻辑集中式的 PR（policy repository），客户端为分布式的交换设备或 4~7 层的网络设备，称为 PE（policy element）。在 ACI 中，PR 可以部署在 APIC 上，也可以部署在其他网络设备上。PR 用于解析的策略请求及给 PE 下发策略信息，而 PE 是执行策略的实体，其是软件交换机或者支持 OpFlex 的硬件交换机。

　　思科的官方文件中描述 OpFlex 协议是一种声明控制（declarative control）协议，而 OpenFlow 则是一种命令式的控制（imperative control）协议。声明式控制只通知对象要达到一种要求的状态，但是并没有规定其通过指定的方式去达到这个状态。在 ACI 中，APIC 只下发相应的网络策略，而如何实现这一策略，还需要智能的网络设备来具体实现。然而对于 OpenFlow 而言，需要精确地告知交换机具体的动作，才能完成数据的处理。ACI 的这种设计不仅使得 ACI 实现了软件定义的网络框架，也保障了 ACI 依然以底层智能设备为中心，从而既迎合了 SDN 的发展趋势又巧妙地保留了技术壁垒，进而使得思科依然可以在其领先领域来面对 SDN 的冲击。从市场反响上看，OpFlex 的反响还不错，目前 ACI 的市场占有率仅次于采用 OpenFlow 协议的 NSX，位居第二。

图 2-6　OpFlex 架构图

　　本质上，OpFlex 是一种 SDN 南向协议，但是其具有可编程能力不强，且采用 OpFlex 实现的 ACI 架构是一种广义的 SDN 架构，其数据平面依然具有非常完善的控制能力，架构的重点依然还是底层的智能设备，所以 OpFlex 只能归类为广义的 SDN 南向协议的范畴。但采用 OpFlex 不失为一种明智的选择。由于分布式数据平面设备强大的功能，加上 OpFlex 的策略控制，可以使得用户在采用 SDN 方案时最大程度地兼容现有资产，实现统一的 SDN 管理，同时也实现了平滑的 SDN 网络改造。因此短期之内，由思科主推的 OpFlex 依然是一个具有竞争力的协议，其ACI架构依然具有十分强劲的市场竞争力。

2.3.5　XMPP

XMPP（extensible messaging and presence protocol）是一种以XML为基础的开放式即时通信协议，其因为被Google Talk使用而被大众所接触。XMPP由于其自身具有良好的可拓展性，从而可以被灵活应用到即时通信、网络设备管理等多种场合。例如，Arista公司就采用了XMPP来管理网络设备。XMPP也被开源控制器OpenContrail采用作为南向协议，从而逐渐被应用到SDN领域。

然而，XMPP和OpenFlow协议不同，它并不是专门为SDN设计的，正如Python和Java语言经常被用来开发SDN控制器，但是它们和SDN并没有必然关系。XMPP因其良好的可拓展性，被采用到网络管理领域，而随着SDN控制器OpenContrail将其采用为南向协议，XMPP逐渐成为广义SDN南向协议的一种。

采用XMPP的优点在于可以统一管理传统设备和SDN设备。用户的网络中可能存在大量的传统设备，采用兼容性和拓展性更好的XMPP可以统一管理SDN网络和现有的网络，从而保护用户的已有资产，这是采用XMPP的最大优势之一。

不过作为一个南向协议，XMPP的功能粒度还很粗，没有达到OpenFlow的细粒度。所以，XMPP目前可以作为一个OpenFlow的补充协议，或者用于SDN和传统网络混合组网的管理。考虑到XMPP良好的可拓展性和安全性能等技术因素及Juniper、Arista等企业的推动，相信XMPP可以发展成为广义SDN南向协议的标准之一。

2.3.6　PCEP

PCEP（path computation element communication protocol）是由IETF提出的路径计算单元通信协议，常为流量工程（traffic engineering）提供路径计算服务。PCEP的设计具有很好的弹性和可拓展性，易于拓展，因此适用于多种网络场景。

在PCEP协议架构中，定义了PCC（path computation client）和PCE（path computation element），其框架如图2-7所示。PCC和PCE的部署位置都很灵活。PCC可以是一台交换路由设备，也可以和NMS（network manager system）部署在同一台服务器中。同样地，PCE可部署于专门的服务器中，也可以和NMS部署在同一台服务器中。PCC节点用于发起路径计算的请求以及执行路径计算的结果。PCE是远端的PCEP

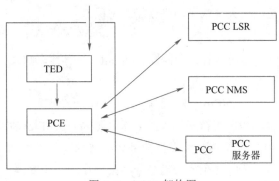

图 2-7　PCEP 架构图

服务端，用于接收PCC的路径请求，然后将计算结果回复给PCC，从而指导路由器等转发设备进行数据转发行为。在PCEP架构中，PCE和PCE也可以相互通信，从而实现水平架构或者层级式多PCE系统，提升系统的可用性。虽然PCEP没有使得数据平面和控制平面完全分享，但是PCEP把路径计算的控制逻辑从转发设备中抽离到远端，实现了部分数据平面和控制平面的分离。通过远端服务器的软件编程，可以指导底层路由或转发设备实现数据的转发和路由，所以 PCEP 是一种广义的 SDN 南向协议。

PCEP 仅定义了 PCC 和 PCE 的通信标准，如建立连接、发起路径计算请求和回复路径结果等内容。计算路径所需的网络信息需要通过其他的渠道获取。所以 IETF 的 PCEP 工作组又把 OSPF、IS-IS 等标准拓展了一遍，添加了 OSPF 的 PCEP 拓展和 IS-IS 的 PCEP 拓展等多个标准，使得目前的路由协议可以支持收集网络信息，并将信息写入到 TED（traffic engineering database）中。当 PCE 计算路径时，可通过读取 TED 中的网络信息去计算符合要求的最优路径。

PECP 支持多种设备，也被多种路由协议支持，因此 PCEP 在 TE 领域得到了广泛的应用。PCEP 协议实现的架构也是一种 SDN，将 OpenFlow 和 PCEP 协议结合使用可以实现 OpenFlow 网络和传统网络的统一管理和调度。

2.4　完全可编程南向协议

本节以华为提出的 POF 协议和 Nick 教授等人提出的 P4 语言为例介绍完全可编程南向协议，着重介绍协议方面的特性，让读者对最新的 SDN 南向协议有初步的了解。

2.4.1　POF

POF（protocol oblivious forwarding）是由华为宋浩宇等人提出的 SDN 南向协议，是一种 SDN 实现方式，中文意思为协议无关转发。与 OpenFlow 相似，在 POF 定义的架构中分为控制平面的 POF 控制器和数据平面的 POF 转发元件（forwarding element）。在 POF 架构中，POF 交换机并没有协议的概念，它仅在 POF 控制器的指导下通过 {offset, length} 来定位数据、匹配并执行对应的操作，从而完成数据处理。这样使得交换机可以在不关心网络协议的情况下完成网络数据的处理，使得在支持新协议时无须对交换机进行升级，仅需升级控制平面即可，大大加快了网络创新的进程。

1. 原理

考虑这样几个问题，OpenFlow 有什么缺点？为什么要提出 POF？POF 相比 Open Flow 有什么优点？

OpenFlow 1.0 版本协议只有 12 个匹配域，被业界认为无法适应复杂网络应用场景的需求。为了支持多场景的需求，随着 OpenFlow 版本的推进，OpenFlow 1.3 版本已经发展到了 40 个匹配域，可支持大部分的协议字段。然而随着技术的发展，还会有更多的协议需要支持，所以这个增长趋势是不会停止的。不断增多的匹配域，使得 OpenFlow 协议越来越复杂，也使得 OpenFlow 交换机的设计与实现越来越复杂。而不稳定的协议内容让 OpenFlow 无法被广泛支持，因为设备厂家需要不断地开发新的交换机来支持新协议，而且运营商等网络所有者也会担心协议版本不稳定带来的设备不兼容问题。

除此之外，OpenFlow 实现的 SDN 还有两个明显的不足：首先，OpenFlow 依然只能在现有支持的转发逻辑上添加对应流表项来指导数据的转发，而无法对交换机的转发逻辑进行编程和修改；其次，OpenFlow 基本是无状态的，其无法维护网络状态并主动做出动作。这两个主要的缺陷会带来如下的不良后果。

（1）目前，OpenFlow 所实现的数据平面和控制平面分离得不够彻底。数据平面的交换机设备依然需要掌握协议的语义等控制信息才能完成数据匹配。当交换机支持的协议增多时，支持特定协议的指令会大规模增长，从而增加了交换机的设计难度。

（2）在当前的交换机中，只能按照固定协议逻辑去处理数据，很难去对数据包进行额外修改或者增加一些辅助信息，也更难支持新协议的运行测试。所以，目前的新协议在交换机不支持的情况下都是通过 Overlay 的形式来实现的，这就必须对数据进行封装和解封装，这种实现方式既增加了数据解析的难度和压力，也带来了过长的报头，降低了数据传输效率。

（3）在给 OpenFlow 添加新协议特性时，需要重写控制器和交换机两端的协议栈。而且在最麻烦的情况下，还需要重新设计交换机的芯片和硬件才能支持新特性。虽然最新版本的 OpenFlow 已经支持 40 多个匹配域，但这些匹配域大多是基于以太网的协议族字段，还存在许多其他网络的协议以及未来的一些新生协议需要支持。所以，每增加一个新的协议或特性都会带来很大的开发量，增加了支持新协议的成本。而 OpenFlow 不稳定的协议版本也阻碍了 OpenFlow 的推广。

（4）交换机目前匮乏的描述能力使得转发平面的可编程能力受到很大的限制，最明显的一点就是交换机无法描述有状态的逻辑并主动采取动作。由于 OpenFlow 缺乏足够的能力去维持网络状态，所以 OpenFlow 交换机基本无法自主实现有状态的操作。与状态相关的信息均由控制器维护，交换机只能受控制器指导去执行操作，而无法在满足条件时主动采取动作。这种完全需要控制来指挥的机制让数据平面过度依赖控制平面，带来了 SDN 在可拓展性和性能上的问题。

针对以上问题，华为提出了 POF 解决方案。POF 通过 {offset，length} 来定位数据，所有协议相关的内容由控制器来描述，而交换机仅需通过通用的指令集来完成数据操作即可，从而实现了协议无关转发。对协议的操作主要是增加、修改和删除对应的字段/标签，这些操作可以通过通用的指令集来实现，例如，Add Field 就可以添加所有的字段，而具体的字段只有控制器了解，交换机并不掌握这个信息。因此在支持新字段或新协议时，只需在控制器端添加对应的协议处理逻辑即可，交换机无须做任何修改，所以网络设备能轻易地支持新字段或协议，从而大大加速了网络创新的进度。

POF 的设计思想与 PC（personal computer，个人计算机）的设计思想类似，所以其架构和 PC 的架构也类似，两者的对比如图 2-8 所示。POF 转发设备无须关心具体的协议语义，只需关心底层的数据操作即可，正如 CPU 并不知道执行的运算是一个语音相关的运算还是图形处理一样，它只知道执行了 "+" 操作。控制器正如 PC 中的操作系统，为上层业务提供丰富的业务接口，调用下层提供的通用指令集，并完成两者的翻译工作。

通过使用通用指令集来实现协议无关转发的设计使得交换机具备完全的可编程能力。控制器可以通过南向协议对交换机进行编程，包括协议解析逻辑的编程以及数据流处理规则的编程。另外，使用通用指令集的交换机很自然地就能互联互通。当网络中需要支持新的协议时，仅需通过控制器进行编程就可以实现，这大大缩短了网络创新周期。而对于运营商或者服务提供商而言，在添加新网络服务时不再需要联系厂商，也无须购买新的交换设备。

针对 OpenFlow 无状态的缺陷，POF 设计了相关指令使得在条件满足时，交换机可以主动地创建、修改和删除流表等操作。在主动执行指令之后，交换机需要异步通知控制器发生的改变，从而实现数据的同步。笔者认为状态维护特性是 POF 设计中的精彩之处。因为目前 OpenFlow 几乎无法实现与状态相关的操作，而在网络安全等重要领域，维护网络状态是实现网络安全的必要手段。当然，为实现状态维护，必然需要付出一些性能代价或者成本代价。

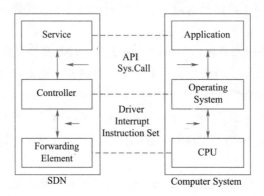

图 2-8　POF 与 PC 架构对比

2. 原型与应用场景

为了验证 POF 的可行性，华为团队基于 Floodlight 开源控制器开发了 POF 控制器，其架构模块图如图 2-9 所示。在数据平面，分别基于华为硬件核心路由器和软件交换机实现了两个 POF 交换机模型用于验证 POF 的可行性，其功能架构如图 2-10 所示。

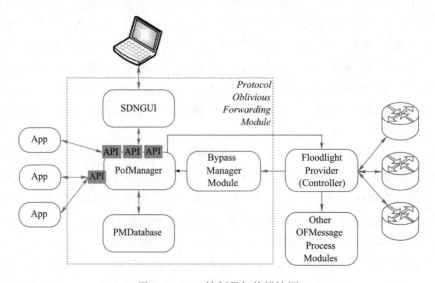

图 2-9　POF 控制器架构模块图

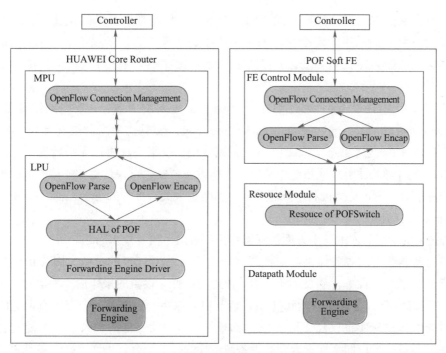

图 2-10 POF 硬件交换机和 POF 软件交换机

在 POF 的论文中还介绍了转发性能测试的结果，其可以在 40G 的线卡测试中达到 48 Mpps 的速率，虽然丢失了 20% 的性能，但是依然支持 80 B 的线速转发。性能问题也许是 POF 存在的主要的技术问题之一。

由于 POF 支持协议无关转发，所以 POF 可以部署在任意的网络中，包括一些非以太网络。此外，POF 的协议无关转发特性使得 POF 可以完美地支持 NDN (Named Data Network) 和 CCN (content-centric network) 等未来网络领域的研究。而 POF 支持有状态的网络使得交换机可以实现更多的智能，并应用于网络安全等领域。

3. 发展趋势

为实现 POF 的平滑过渡，POF 应满足 OpenFlow 兼容的需求。目前 OpenFlow 设备已经存在一些，如果能让 POF 成为 OpenFlow 的一种服务，则可以平滑地从 OpenFlow 过渡到 POF。而转发设备方面的实现需要在现有的芯片上支持 POF 的指令集，使 POF 的指令集作为一个方法去调用。之后才是将 POF 的指令集直接在 ASIC 上支持，从而换取更高的数据处理和转发性能。

作为一个理想的模型、一个开创式的技术，POF 可以重新赋予 SDN 新的定义，带来具有完全编程能力的 SDN。但是这个进程注定是艰难的。一个技术的发展，除了技术本身的技术缺陷以外，还要受到商业因素的左右。POF 在技术方面的性能缺陷是一个问题，但是总可以通过不断地优化和产品迭代来提高性能，所以阻碍其发展的更多是来自商业方面的因素。POF 带来的变革正如 OpenFlow 带来的变革一样，甚至更甚。OpenFlow 使得控制平面和转发平面分离，交换机成为灰盒子或者白盒子，使得原有依靠专有技术的企业失去了技术壁垒，而这些拥有技术壁垒的企业基本都是行业的领头羊，当一项技术影响到领头羊的地位时，它必定是很难推广和发展的。企业不仅仅是推进技术的发展，让世界变得更好，更多的时候，他们还需要生存，而生存往往是最重要的。所以不难想象 OpenFlow 的推广并不顺利，而 POF 比 OpenFlow 有过之而无不及，所以同样可以想象 POF 的推广更加艰难。

目前不仅仅 POF 提出了这种想法，OpenFlow 发明者 Nick 教授的团队也提出了 P4(programming protocol-independent packet processors) 解决方案来解决目前 OpenFlow 的不足之处。POF 和 P4 两者思路类似，但 POF 强调通用指令集实现协议无关转发，是偏硬件的解决思路，而 P4 则关注上层网络建模来定义交换设备转发逻辑，是更偏软件的解决思路。而无论哪一种解决方案，交换机将越来越开放，网络也会具有更好的可编程性。P4 和 POF 都是 OpenFlow 未来有前景的发展方向之一。

随着技术的发展，POF 技术方面的缺陷将得到解决。随着技术问题的解决，成本的降低，作为网络设备购买方的服务提供商应该会更加倾向于采购 SDN 的设备。因为 POF 将带来可编程性能更好的 SDN 设备，从长远角度看，POF 也降低了设备的采购成本和运营成本。如果 P4 和 POF 可以整合，在软件方案和硬件方案上相互弥补，会成为一个更加有前途的解决方案，而目前的 POF 确实也已经支持了 P4。如果谷歌、微软等巨头加入，SDN 的进程也许会像 NFV 那样变成一个由网络拥有者而非设备商主导的技术革命，也许这样 POF 就可以改变未来的网络，实现真正具有完全可编程能力的 SDN。

2.4.2　P4

P4 是由 Pat Bosshart 等人提出来的高级"协议独立数据包处理编程语言"，如 OpenFlow 一样是一种南向协议，但是其范围比 OpenFlow 要大，不仅可以指导数据流进行转发，还可以对交换机等转发设备的数据处理流程进行软件编程定义，是真正意义上的完全 SDN。值得注意的是，P4 论文作者中还有斯坦福大学的 Nick McKeown 教授和普林斯顿大学的 Jennifer Rexford 教授两位业界领军人物。Nick 教授是 SDN 的提出者之一，一直是 SDN 学术领域顶尖人物；而 Jennifer 教授也发表了 4D 等诸多重要的 SDN 相关论文，更提出了网络编程语言 Frenetic，同样是业界的先驱。两位教授也是 P4 组织的主要推动者之一。目前，P4 语言作为一种潜在的 OpenFlow 2.0 的发展方向在努力发展。

P4 语言定义了一系列的语法，也开发出了 P4 编译器，支持 P4 转发模型的协议解析过程和转发过程进行编程定义，实现了真正意义上的协议无关可编程网络数据平面。

1．原理

与 POF 提出的目的类似，P4 提出的目的也是解决 OpenFlow 编程能力不足以及其设计本身所带来的可拓展性差的难题。自 OpenFlow 1.0 发布以来，其版本目前已经演进到 1.5 版本，其中匹配域的个数从 1.0 版本的 12 元组变为 1.3 版本的 40 个，最后到 1.5 版本的 45 个，其匹配域数目随着新版本支持特性的更新而不断增加。但 OpenFlow 并不支持弹性地增加匹配域，每增加一个匹配域就需要重新编写控制器和交换机两端的协议栈以及交换机的数据包处理逻辑，这无疑增加了交换机设计的难度，也严重影响 OpenFlow 协议的版本稳定性，影响 OpenFlow 的推广。

为了解决 OpenFlow 协议编程能力不足的问题，Nick 教授等人提出了 P4 高级编程语言。P4 的优点主要有如下三点。

（1）可灵活定义转发设备数据处理流程，且可以做到转发无中断的重配置。OpenFlow 所拥有的能力仅是在已经固化的交换机数据处理逻辑之上通过流表项指导数据流处理，而无法重新定义交换机处理数据的逻辑，但 P4 编程语言具有对交换机的数据包处理流程编程的能力。

（2）转发设备协议无关转发。交换机等交换设备无须关注协议语法语义等内容即可以完成数据处理。由于 P4 可以自定义数据处理逻辑，所以可以通过控制器对交换机等转发设备编程实现对应的协议处理逻辑，而这个行为将被翻译成对应的匹配和动作从而被转发设备所理解和执行。

（3）设备无关性。正如写 C 语言或者 Python 语言时并不需要关心 CPU 的相关信息，使用 P4 语言进行网络编程同样无须关心底层设备的具体信息。P4 的编译器会将通用的 P4 语言处理逻辑编译成设备相关的指令，从而写入转发设备，完成转发设备的配置和编程。

抽象的 P4 转发设备模型如图 2-11 所示。其中第一部分是可编程定制的解析器，用于编程实现自定义的数据解析流程，可将网络字节流解析成对应的协议数据包。解析之后的流程是和 OpenFlow 类似的 Match+Action 操作，其流水线支持串行和并行两种操作。受 OpenFlow 1.4 的启发，P4 设计的匹配过程也分为 Ingress Pipeline 和 Egress Pipeline 两个分离的数据处理流水线。与 OpenFlow 相比，P4 的设计有 3 个优点：可定制数据解析流程，而不像 OpenFlow 交换机的固定解析逻辑；可执行并行和串行的匹配＋动作操作，而 OpenFlow 仅支持串行操作；支持协议无关的转发。

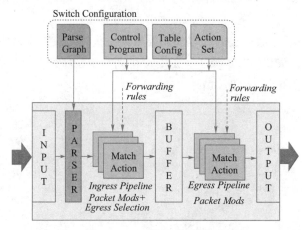

图 2-11　P4 转发设备模型

从 P4 抽象转发模型中可以了解到交换机的工作流程，可以分为数据包解析和数据包转发操作两个子流程。P4 支持定义数据包解析过程和数据转发过程。在定义交换机处理逻辑时，首先需要定义数据包解析器的工作流程，然后再定义数据包转发的控制逻辑。定义解析器时需要定义数据报文格式以及不同协议之间的跳转关系，从而定义完整的数据包解析流程。完成解析器定义之后，需要定义转发控制逻辑，内容包括用于存储转发规则的匹配表的定义及转发表之间的依赖关系的定义。这些控制逻辑代码通过 P4 编译器编译成 TDG（table dependency graph），然后写入到交换机中，TDG用于描述匹配表之间的依赖关系，定义了交换机处理数据的流水线。

图2-12就是一个L2/L3交换机TDG的例子。从图中可以看出，从解析器模块解析出来的数据先经过了虚拟路由标识（virtual routing identification）表，再经过路由表，基于匹配的结果，将数据包跳转到二层交换表或者三层接口表进行处理，最后还需要经过接入控制表的处理，从而完成数据包的处理。

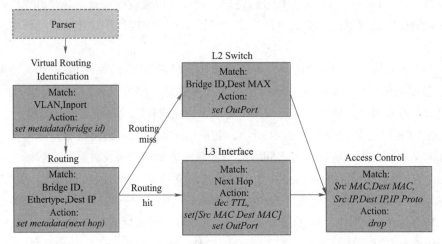

图 2-12　L2/L3 交换机 TDG 实例图

一个P4程序包含如下5个关键组件：Header、Parser、Table、Action和Control Program。其具体介绍如下。

（1）Header（报头）：数据包的处理都需要根据报头的字段内容来决定其操作。所以P4中也需要定义对应的报头，报头本质上就是有序排列的字段序列。报头的描述由有序的字段名称和对应的字段长度组成，示例如下：

```
header ethernet{
    fields{
        dst_addr:48;//width in bits
        src_addr:48;
        ethertype:16;
    }
}
```

（2）Parser（解析器）：在定义了报头之后，还需要定义报头之间的关系及数据包解析的对应关系。例如，ethernet的ethertype=0x0800时应该跳转到IPv4的header进行后续解析。以以太网报头解析为例，示例代码如下。所有的解析均从start状态开始，并在stop状态或者错误之后结束。解析器用于将字节流的信息解析为对应的协议报文，用于后续的流表项匹配和动作执行。

```
parser start{
```

```
        ethernet;
    }
parser ethernet{
    switch(ethertype){
        case 0x8100:vlan;
        case 0x9100:vlan;
        case 0x800:ipv4;
        //Other cases
    }
}
```

（3）Table（表）：P4中需要定义多种用途的表用于存储匹配表项。其表的格式为 Match + Action，即匹配域和对应的执行动作。P4语言定义某个表具体的匹配域以及需要执行的动作。而具体的流表项需要在网络运行过程中通过控制器来编程下发，从而完成对应数据流的处理。例如，在入口交换机上需要将对应VLAN的数据添加类似于MPLS标签的自定义标签 mTag，从而数据在交换网络中通过匹配mTag来完成转发。具体示例如下，其中reads相当于读取匹配域的值，匹配类型为精确匹配；action为匹配成功之后执行的动作，此处为添加 mTag标签；而max_size则描述匹配表的最大表项容量。

```
table mTag_table{
    reads{
        ethernet.dst_addr:exact;
        vlan.vid:exact;
    }
    actions{
    //At runtime, entries are programmed with params
    //for the mTag action. See below.
    add_mTag;
    }
    max_size:20000;
}
```

（4）Action（动作）：与OpenFlow的动作类似，不过P4的动作是抽象程度更高的协议无关的动作。P4定义了一套协议无关的原始指令集，基于这个指令集可以实现复杂的协议操作。P4支持的原始指令集包括setfield、addheader和checksum等为数不多的指令。复杂的动作将通过赋予不同的参数来调用这些原始指令集组合来实现，而这些参数可以是数据包匹配过程中产生的metadata。示例如下：

```
action add_mTag(up1, up2, down1, down2, egr_spec){
    add_header(mTag);    //Copy VLAN ethertype to mTag
    copy_field(mTag.ethertype, vlan.ethertype);/*Set VLAN's ethertype
to signal mTag*/
    set_field(vlan.ethertype, 0xaaaa);
    set_field(mTag.up1, up1);
```

```
        set_field(mTag.up2, up2);
        set_field(mTag.down1, down1);
        set_field(mTag.down2, down2);
}
```

（5）Control Program（控制程序）：控制程序决定了数据包处理的顺序，即数据包在不同匹配表中的跳转关系。当表和动作被定义和实现之后，还需要控制程序来确定不同表之间的控制流。P4 的控制流包括用于数据处理的表、判决条件以及条件成立时所需采取的操作等组件。以 mTag 的处理为例，其过程如图 2-13 所示。

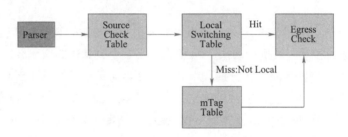

图 2-13　mTag 处理流程图

以上是 P4 语言程序必要的 5 个关键的组件的介绍。完成一个 P4 语言程序之后，需要通过 P4 的编译器将程序编译并写入到交换机中，其主要分为数据解析逻辑的编译写入和控制流程的编译写入。数据解析部分用于将网络字节流解析为对应的协议报文，并将报文送到接下来的控制流程中进行匹配和处理。控制流程的编译和写入主要分为两步：第一步需要将 P4 的程序编译，然后生成设备无关的 TDG(table dependency graph)，之后再根据特定的底层转发设备的资源和能力，将 TDG 映射到转发设备的资源上。目前 P4 支持软件交换机、拥有 RAM 和 TCAM 存储设备的硬件交换机、支持并行表的交换机、支持在流水线最后才执行动作的交换机以及拥有少量表资源的交换机等多种交换设备。

2. 发展趋势

OpenFlow 协议目前的框架设计使得 OpenFlow 无法对转发设备的数据解析和处理流程进行编程实现，缺少足够的可编程能力。此外，由于 OpenFlow 的匹配项均为协议相关的，使得每增加一个匹配域均需要对协议栈以及交换机处理流程进行重新编程，而这个过程周期很长，为支持新的 OpenFlow 协议，需要对现有交换机进行升级或者推出新的交换机产品。这样的缺点让 OpenFlow 协议版本难以稳定，也难以推广。服务提供商在建设网络基础设施时，需要考虑支持 OpenFlow 什么版本，也要担心未来 OpenFlow 协议推出新版本时的兼容和设备升级等问题，使得 OpenFlow 迟迟无法大规模应用。面对 OpenFlow 的缺陷，P4 的推出刚好解决了这个难题。

P4 语言支持对交换机处理逻辑进行编程定义，从而使得协议版本在更新迭代时无须购买新设备，只需通过控制器编程更新交换机处理逻辑即可。这种创新解决了 OpenFlow 编程能力不足，版本不稳定的问题。此外，由于 P4 可以编程定义交换机处理逻辑，从而使得交换机可以实现协议无关的转发，进而使得底层交换机更加白盒化，适用范围更广，更容易降低设备采购成本。而且作为一门编程语言，P4 支持设备无关特性，使得 P4 可以应用在不同厂家生产的转发设备上，解除了服务提供商对网络设备厂家绑定的顾虑。

P4 自诞生以来，得到了业界的关注和认可，目前发展良好。作为一门网络编程语言，其大大简化了网络编程的难度，同时也改善了目前 SDN 可编程能力不足的问题。P4 的主要推动者 Nick 教授是当下 SDN 最流行的南向协议 OpenFlow 协议的发明者之一，Jennifer 教授也在网络界的先驱。无论是出于对 P4 技术本身的认同，还是对 Nick 教授和 Jennifer 教授的认同，业界尤其是学术界对 P4 都非常认同，认为其将成为 OpenFlow 2.0 的可能方向。目前，P4 组织已经有了非常多的成员，其中包括 AT&T、思科、华为、英特尔、腾讯和微软等企业以及斯坦福大学、普林斯顿大学和康奈尔大学等多个全球顶尖的学术机构。此外，在 P4 发展的过程中，已经被多种转发设备支持，如应用最广泛的软件交换机 Open vSwitch 以及华为的 POF 交换机。转发设备的支持是 P4 继续发展的强大保障，是 P4 商业发展的前提。

P4 的设计和华为提出的 POF 十分相似，只不过侧重点和实现方式不同。POF 通过 {offset,length} 来确定数据，强调协议无关，强调指令集，而 P4 不仅有底层的高度抽象的协议无关指令集，更侧重于控制器端的网络编程语言的构建。还有一点不同的是，同作为开创式的技术，由美国 Nick 教授等业界先驱推动的 P4 明显比由华为提出的 POF 受到的关注要多，业界对 P4 的认同也比 POF 要高。

P4 和 POF 相同之处在于：作为完全可编程的 SDN 实现，性能问题是两者需要面临的大问题，也是急需解决的技术难题。而商业因素方面，两者皆会打破目前的网络界生态平衡。选择搭上这个技术发展的进程并争取在新的技术领域占据有利地位，还是固守已有行业市场是网络厂商面临的艰难选择。完全可编程 SDN 的出现，将网络的重点由硬件转向软件领域，从而使得依靠硬件技术壁垒占据市场有利地位的传统巨头的优势受到严重削减。虽然巨头的决策将很大程度上影响这些创新技术的发展，但是技术必然朝着更好的方向发展，无论是 P4 还是 POF，抑或是其他的解决方案，具有更好可编程性的 SDN 就在不远的未来。正如 SDN 的出现一般，是技术发展过程中顺势而为的产物，是不可阻挡的。

第3章

SDN 实验环境搭建

SDN是一种新型网络架构和技术，很多概念和原理与传统网络相比有很多不同之处，为了便于读者的学习和对相关技术的概念原理更深入的了解和认识，先进行SDN实验环境的搭建，通过实验来了解和验证SDN相关的概念和原理。

SDN网络的架构如图3-1所示。

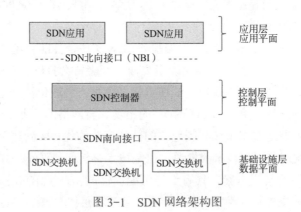

图 3-1　SDN 网络架构图

在这个架构图中，需要SDN控制器和SDN交换设备。SDN的控制器有开源的和商用的两大类，开源的控制器比较著名的包括Floodlight、OpenDaylight、Ryu等，商用的控制器主要是一些传统的网络设备厂商开发的控制器，如思科的APIC、锐捷的RG-ONC等。本书主要以开源的控制器为例进行介绍。SDN交换设备是一种去智能化的网络设备，在SDN网络中，它应该基本不用配置。现在很多厂家已经推出了他们的SDN交换产品，一般以支持OpenFlow协议为主。如果没有硬件的SDN交换设备，可以使用OVS来创建软件虚拟的SDN交换机，也可以使用OpenStack或VMware等云管平台创建虚拟的SDN交换机。为了便于学习和科研，有一个开源的项目Mininet，它是由一些虚拟的终端节点（end-hosts）、交换机、路由器连接而成的一个网络仿真器，它采用轻量级的虚拟化技术使得系统可以和真实网络相媲美。Mininet可以很方便地创建一个支持SDN的网络：host就像真实的计算机一样工作，可以使用ssh登录，启动应用程序，程序可以向以太网端口发送数据包，数据包会被交换机、路由器接收并处理。有了这个网络，就可以灵活地为网络添加新的功能并进行相关测试，然后轻松部署到真实的硬件环境中。

3.1　控制器的安装

3.1.1　Floodlight 简介

扫一扫 ●

Floodlight 是一个企业级的、Apache 许可、基于 Java 的 OpenFlow 控制器，它的开发者社区由一批从事大交换网络的工程师们支持。Floodlight 具有以下一些特性。

（1）模块化：可以根据需要加载相应的模块。

（2）自定义模块：除了选择 Floodlight 启动所加载的模块，也可以加入你自己定义的功能模块。

（3）支持 OpenStack。

（4）支持流表 pusher 和 Python API。

Floodlight 简介 ●

Floodlight 提供的 API 接口主要有 ACL、防火墙、静态流表、虚拟网。Floodlight 是目前主流的 SDN 控制器之一，它的稳定性、易用性已经得到 SDN 专业人士以及爱好者们的一致好评，并因其完全开源，让 SDN 网络世界变得更加有活力。控制器作为 SDN 网络中的重要组成部分，能集中地灵活控制 SDN 网络，为核心网络及应用创新提供了良好的扩展平台。

3.1.2　运行环境

Floodlight 需要安装在 Ubuntu 操作系统上，在版本的选择上，需要注意以下几点。很多资料都介绍在 Ubuntu 12.04 桌面版上进行安装，在这里不建议使用这个版本，因为 Ubuntu 12.04 桌面版默认安装的 Java 是 1.6 版本的，它可以编译 Floodlight 0.9 及以前的版本，但现在最新的 Floodlight 是 1.2 版本的，需要的 JDK 是 1.8 版本的，如果使用 Ubuntu 12.04 桌面版，则需要手动安装 JDK1.8，比较麻烦，建议读者在做这个实验时，选择 Ubuntu 14.04 桌面版或 Ubuntu 16 的版本。Ubuntu 14.04 在进行 update 和 upgrade 时经常不能成功，需要修改 apt-get 的源为国内的源。所以建议使用 Ubuntu 16 的版本，下文会介绍如何修改 apt-get 源。

在安装 Ubuntu 系统时，可以选择直接在物理机上进行安装，也可以使用 VMware Workstation 进行 VM 虚拟机的安装。本课程的大部分实例是在 ESXi6 的虚拟机上安装的。

推荐 Ubuntu 的基本配置如图 3-2 所示。如果你的资源够多，建议提高配置。

Ubuntu 的安装过程这里不介绍了。

扫一扫 ●

Floodlight 安装准备 ●

▼ 设备	
▤ 内存	4 GB
▣ 处理器	2
▤ 硬盘(SCSI)	50 GB
◎ CD/DVD (SATA)	正在使用文件 E:…
▤ 网络适配器	NAT
▤ USB 控制器	存在
♪ 声卡	自动检测
▤ 打印机	存在
▯ 显示器	自动检测

图 3-2　系统配置参数

3.1.3　安装 Floodlight

Ubuntu 安装完成后，用安装过程中创建的用户登录，因为 Ubuntu 系统默认是不可以用 root 用户登录的，进入 Ubuntu 桌面如图 3-3 所示。

扫一扫 ●

Floodlight 的安装 ●

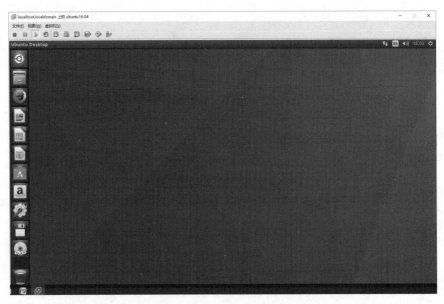

图 3-3　Ubuntu 桌面系统

Ubuntu 打开终端的方式有很多，常用的有以下两种。

（1）在桌面任意空白处按 Ctrl+Alt+T 键。

（2）双击桌面左上角的搜索图标，在弹出的搜索条中输入"terminal"，如图 3-4 所示。

图 3-4　搜索程序

双击第一个图标即可。

　　接下来要做的工作是配置网络，因为后面很多操作都是基于网络来完成的。如果使用的是 VMware Workstation，虚拟机的网卡类型选择 NAT，只要宿主机可以上网，那么这个虚拟机就可以上网了。不管用什么方式，总之首先要保证 Ubuntu 系统是可以上网的。

如果是 14.04 及以前的版本，可能会存在 vi 编辑器不好用的情况，解决方式如下：

```
sudo apt-get remove --purge vim
sudo apt-get install vim
```

接下来，要进行系统更新，如图 3-5 所示。

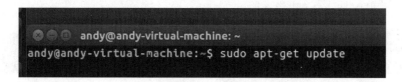

图 3-5　系统更新

直接使用系统默认的 apt-get 源有可能更新失败，可以把 apt-get 源换为国内的源。双击桌面左上角的搜索图标，在搜索条内输入 "update"，单击 Software & Updates 图标，如图 3-6 所示。

图 3-6　搜索 update

在弹出的 Software&Updates 窗口中，选择 Ubuntu Software 选项卡，可以看到 Download from the Internet 选项（下载源），如图 3-7 所示。

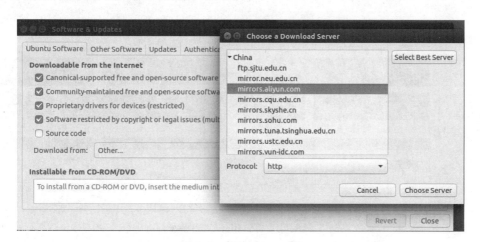

图 3-7　修改 apt-get 源

选择国内的下载源，这里选择的是阿里云的镜像。

完成之后，再重新执行 sudo apt-get update 和 sudo apt-get upgrade 命令，完成系统更新。

接下来安装 Java、Python 的运行与开发环境。

```
$sudo apt-get install build-essential default-jdk ant python-dev
```

查看 Java 的 JDK 版本，如图 3-8 所示。

```
andy@andy-virtual-machine:~$ java -version
openjdk version "1.8.0_131"
OpenJDK Runtime Environment (build 1.8.0_131-8u131-b11-2ubuntu1.16.04.3-b11)
OpenJDK 64-Bit Server VM (build 25.131-b11, Mixed Mode)
```

图 3-8 查看 Java 版本

一定要保证 Java 的 JDK 版本不低于 1.8。

接下来安装 Floodlight 控制器并编译。

```
$ sudo apt-get install git
$ git clone git://github.com/Floodlight/Floodlight.git
$ cd Floodlight
$ ant
```

接下来就可以运行 Floodlight 控制器。

```
$ java -jar target/Floodlight.jar
```

Floodlight 启动在终端窗口中，不能关闭。

如果是 Floodlight 1.2 版本，还需要执行以下命令，并重新 ant，如图 3-9 所示。

在浏览器中输入地址 http://localhost:8080/ui/pages/index.html，打开 Floodlight 的 Web 界面，应能成功访问，如图 3-10 所示。

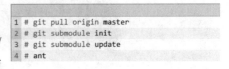

```
1 # git pull origin master
2 # git submodule init
3 # git submodule update
4 # ant
```

图 3-9 要执行的命令

图 3-10 Floodlight Web 界面

配置 Ubuntu 系统可以联网，那么在网络中其他的主机上可以通过 IP 地址进行访问。Floodlight 的 Web 管理界面主要包括如图 3-11 所示的几部分。

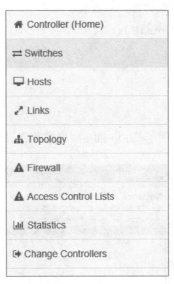

图 3-11　Floodlight 控制面板

因为现在只有控制器，并未连接到相关的 SDN 设备上，所以内容都为空。安装完 Mininet 后，再详细介绍 Floodlight 各个部分的功能。

3.2　Mininet 的安装和使用

3.2.1　Mininet 简介

Mininet 是由一些虚拟的终端节点（end-hosts）、交换机、路由器连接而成的一个网络仿真器，它采用轻量级的虚拟化技术使得系统可以和真实网络相媲美。

Mininet 可以很方便地创建一个支持 SDN 的网络：host 就像真实的计算机一样工作，可以使用 ssh 登录，启动应用程序，程序可以向以太网端口发送数据包，数据包会被交换机、路由器接收并处理。有了这个网络，就可以灵活地为网络添加新的功能并进行相关测试，然后轻松部署到真实的硬件环境中。

Mininet 具有如下特点。

（1）可以简单、迅速地创建一个支持用户自定义的网络拓扑，缩短开发测试周期。

（2）可以运行真实的程序，在 Linux 上运行的程序基本上都可以在 Mininet 上运行，如 Wireshark。

（3）Mininet 支持 OpenFlow，在 Mininet 上运行的代码可以轻松移植到支持 OpenFlow 的硬件设备上。

（4）Mininet 可以在自己的计算机服务器、虚拟机、云（如 Amazon EC2）上运行。

（5）Mininet 提供 Python API，简单易用。

扫一扫 ●
Mininet 虚拟机安装

扫一扫 ●
Mininet 常用命令

扫一扫 ●
Mininet 简介

3.2.2　安装 VirtualBox

在Mininet的官网上提供配置好的Mininet OVF镜像和Mininet源代码，可以用不同的方式来进行安装。下面先介绍用镜像的方式来安装。

（1）在Ubuntu系统中安装VirtualBox。

```
$ sudo apt-get install virtualbox
```

（2）启动VirtualBox。

```
$ sudo virtualbox
```

（3）添加一块仅主机网卡，用于与Floodlight等控制器进行通信，如图3-12所示。

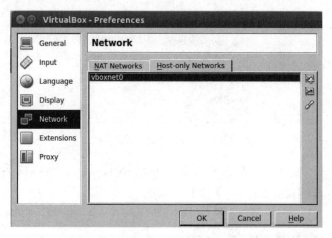

图 3-12　添加网卡

（4）下载Mininet镜像

登录Mininet官网（mininet.org/download），选择下载Mininet VM image，如图3-13所示。

Follow these steps for a VM install:

1. Download the <u>Mininet VM image</u>.

图 3-13　下载 Mininet VM image

选择下载当前最新的2.2.2版本，32位或64位，这个依据Ubuntu安装时的版本决定，如图3-14所示。

Recent Releases

- **Mininet 2.2.2 on Ubuntu 14.04 LTS - 64 bit** (recommended for most modern hardware and operating systems) (sha256)
- **Mininet 2.2.2 on Ubuntu 14.04 LTS - 32 bit** (recommended for **Windows users** using VirtualBox or Hyper-V) (sha256)

图 3-14　下载 2.2.2 版本

本书案例使用的是 64 位的。将这个镜像文件下载到 Ubuntu 用户的宿主目录处。可以直接在 Ubuntu 系统中进行下载，也可以在 Windows 系统中下载后，再通过一些访问终端将文件传输到 Ubuntu 系统中，建议把文件放到用户的宿主目录下，这样可以省去很多因为权限不够不能操作的问题。

解压下载的文件。

```
$unzip mininet-2.2.2***.zip
```

3.2.3 导入 Mininet 镜像

打开 VirtualBox 后，选择 File->Import Appliance 命令，打开 Import Virtual Appliance 对话框，如图 3-15 所示。

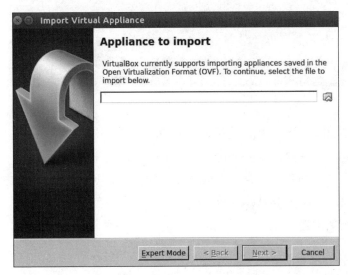

图 3-15　VirtualBox 导入镜像

单击文件夹图标，选择相应的 OVF 文件，如图 3-16 所示。

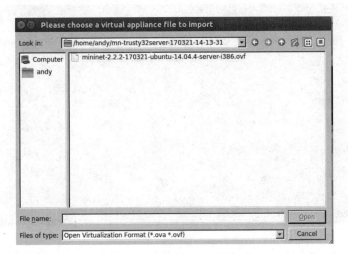

图 3-16　选择 OVF 文件

　　导入之后，可以对系统配置进行调整，也可以使用默认值，但需要添加一块网卡，操作方式是选中Mininet VM，选择Settings选项，然后选择Network选项，在Adapter 2选项卡中，勾选Enable Network Adapter复选框，选择Host-only Adapter选项，如图3-17所示。

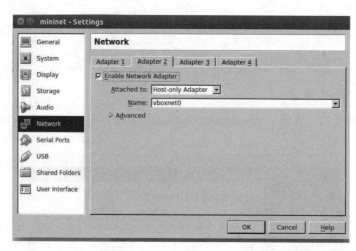

图3-17　添加仅主机网卡

接下来，启动Mininet虚拟机，使用Mininet进行拓扑搭建。

1. 启动虚拟机，账号密码都是 mininet

这其实也是个Ubuntu系统，只是没有安装桌面系统，只能使用命令行方式进行操作。里面已经配置好了Mininet，直接使用即可。

2. 查看当前网络配置

命令如下。

```
mininet@mininet-vm: ~ $ ifconfig -a
```

显示结果如图3-18所示。

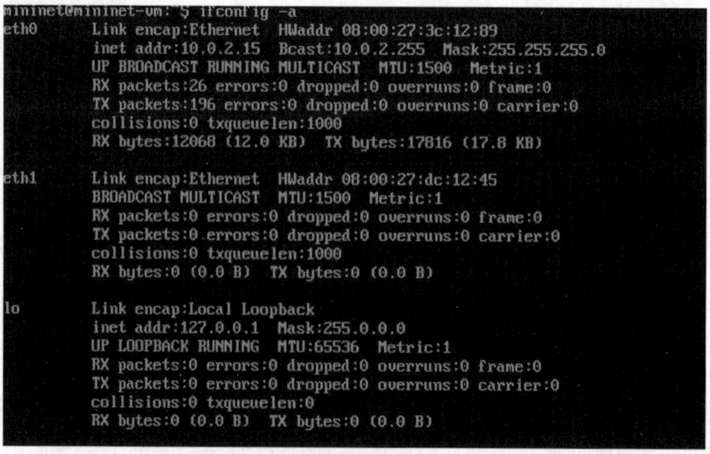

图3-18　Mininet 网络配置

这时显示的是Mininet默认网络的默认配置。

（1）第1块网卡名为eth0，作为NAT使用，IP地址为10.0.2.15/24。

（2）第2块网卡名为eth1，此时无IP地址。

3. 为第 2 块网卡采用 DHCP 方式分配 IP 地址

命令如下。

```
mininet@mininet-vm: ~$ sudo dhclient eth1
//分配的地址默认为192.168.56.101/24
mininet@mininet-vm: ~$ ifconfig -a
```

eth1获得IP地址后，结果如图3-19所示。

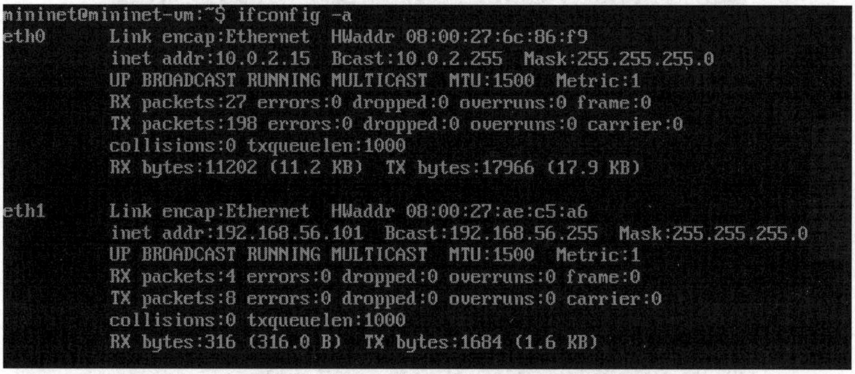

```
mininet@mininet-vm:~$ ifconfig -a
eth0      Link encap:Ethernet  HWaddr 08:00:27:6c:86:f9
          inet addr:10.0.2.15  Bcast:10.0.2.255  Mask:255.255.255.0
          UP BROADCAST RUNNING MULTICAST  MTU:1500  Metric:1
          RX packets:27 errors:0 dropped:0 overruns:0 frame:0
          TX packets:198 errors:0 dropped:0 overruns:0 carrier:0
          collisions:0 txqueuelen:1000
          RX bytes:11202 (11.2 KB)  TX bytes:17966 (17.9 KB)

eth1      Link encap:Ethernet  HWaddr 08:00:27:ae:c5:a6
          inet addr:192.168.56.101  Bcast:192.168.56.255  Mask:255.255.255.0
          UP BROADCAST RUNNING MULTICAST  MTU:1500  Metric:1
          RX packets:4 errors:0 dropped:0 overruns:0 frame:0
          TX packets:8 errors:0 dropped:0 overruns:0 carrier:0
          collisions:0 txqueuelen:1000
          RX bytes:316 (316.0 B)  TX bytes:1684 (1.6 KB)
```

图 3-19　eth1 获得 IP 地址后

4. 产生网络拓扑

（1）进入Mininet环境

命令如下。

```
mininet@mininet-vm: ~$ sudo mn
```

显示效果如图3-20所示。

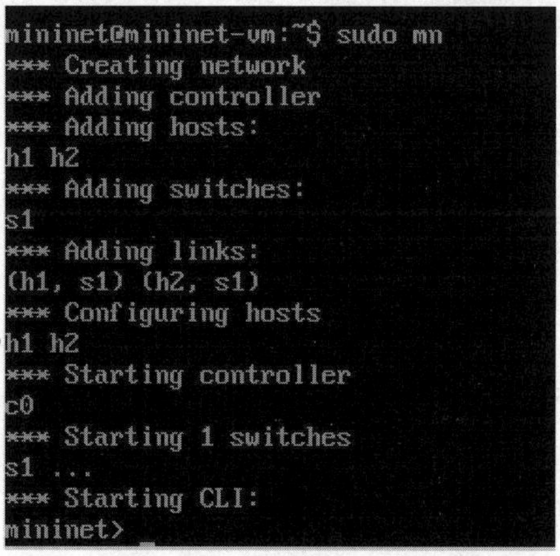

```
mininet@mininet-vm:~$ sudo mn
*** Creating network
*** Adding controller
*** Adding hosts:
h1 h2
*** Adding switches:
s1
*** Adding links:
(h1, s1) (h2, s1)
*** Configuring hosts
h1 h2
*** Starting controller
c0
*** Starting 1 switches
s1 ...
*** Starting CLI:
mininet>
```

图 3-20　进入 Mininet 环境

① 启动 Mininet 时会产生默认拓扑，就拥有了一个 1 台控制器（controller）、一台交换机（switch）、两台主机（host）的网络。

② 此时控制器为本地控制器，以后的开发过程中不采用这个控制器，而使用远端的控制器。

（2）Mininet 常用命令

显示命令的命令如下。

```
mininet>help //显示可以使用的命令
```

结果如图 3-21 所示。

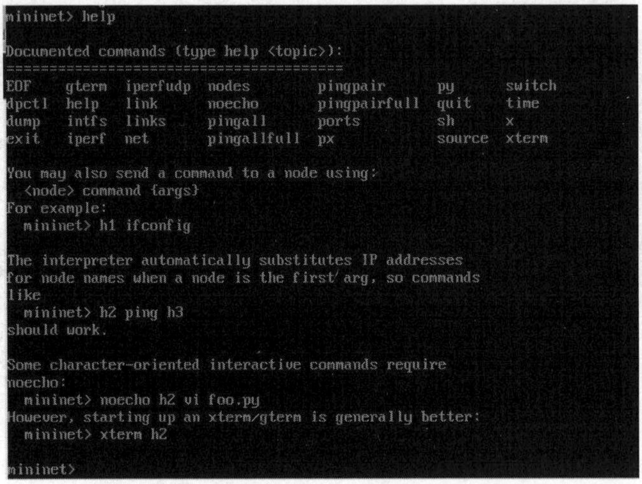

图 3-21 Mininet 帮助命令

其他常用命令如下。

```
mininet>nodes                 //查看全部节点
mininet>net                   //查看链路信息
mininet>dump                  //输出各节点的信息
mininet>s1 ifconfig           //查看交换机 s1 上的网络信息
mininet>h1 ping -c 3 h2       //用 ping 3 个包的方法来测试 h1 与 h2 之间的连通情况
```

（3）退出 Mininet 并清除拓扑

命令如下。

```
mininet>quit
mininet@mininet-vm: ~$ sudo mn -c
```

在使用新的拓扑时，退出现有的拓扑结构时一定要注意清除原来的拓扑。

在命令行模式下，并不能直观地观看到拓扑的效果，可以使用前面介绍的 Floodlight 控制器查看网络的拓扑。

（4）产生默认拓扑，指向远端控制器

命令如下。

```
mininet@mininet-vm: ~$ sudo mn --controller remote,ip=192.168.56.1,
port=6653
```

结果如图 3-22 所示。

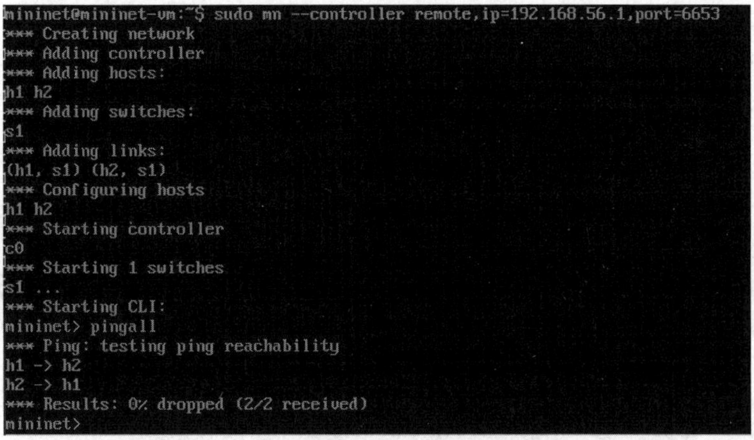

图 3-22　启动 Mininet 并指定控制器

需要注意的是，启动之后，一定要执行 pingall 命令或让主机之间互 ping，否则在拓扑图中看不到主机。还有就是端口号，Floodlight 0.9 及以前版本使用的端口号为 6633，后面版本使用的端口号为 6653。

此时，打开 Floodlight 的 Web 页面：http://localhost:8080/ui/index.html（如果虚拟机可以联网，访问 Controller 所在 Ubuntu 系统的 IP 地址也可以访问），选择 Topology 选项，可以看到刚才 Mininet 创建的拓扑，如图 3-23 所示。

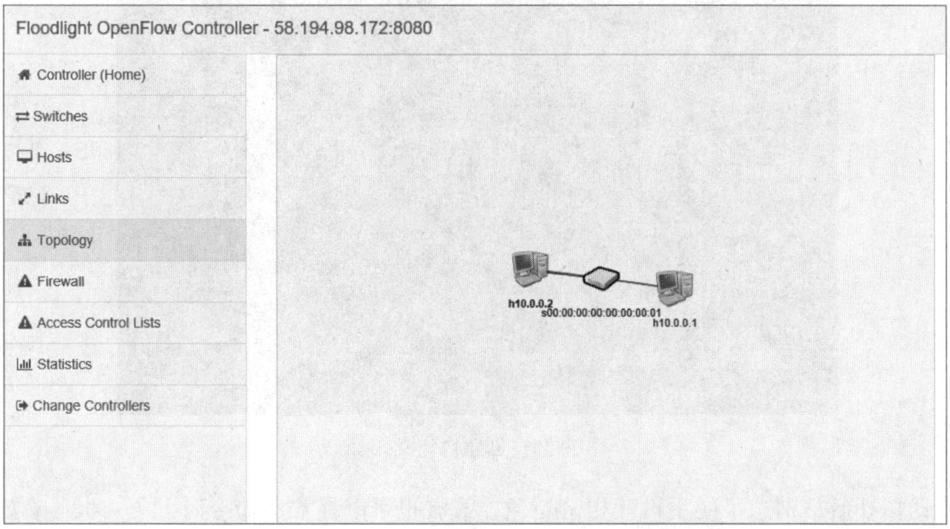

图 3-23　Mininet 默认拓扑

选择 Swithes、Hosts 等选项，也可以查看交换机和主机的相关信息。

退出这个拓扑使用quit命令即可，注意退出后一定要执行sudo mn-c命令，清除拓扑在控制器中的缓存。

3.2.4 自定义拓扑

上一小节看到的拓扑是系统默认的拓扑，只有一个交换机和两台主机，如果用户想搭建更加复杂的网络拓扑，有以下几种方法。

1. 使用 Mininet 命令来创建

在Mininet下执行命令mn –help，找到- -topo选项，如图3-24所示。

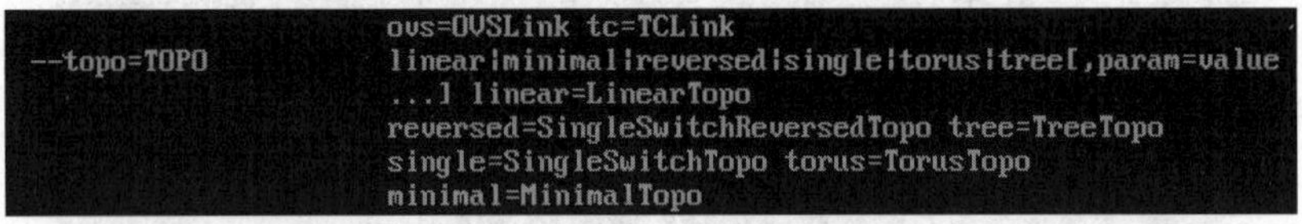

```
--topo=TOPO          ovs=OVSLink tc=TCLink
                     linear|minimal|reversed|single|torus|tree[,param=value
                     ...] linear=LinearTopo
                     reversed=SingleSwitchReversedTopo tree=TreeTopo
                     single=SingleSwitchTopo torus=TorusTopo
                     minimal=MinimalTopo
```

图 3-24   mn 命令

可以看到，--topo可选的参数包括linear（线性）、tree（树型）等参数，通过设置相关数值，可以得到用户所需要的拓扑结构。

如执行sudo mn --test pingall --topo linear,4，会产生4个线性排列的交换机，每个交换机上连接一台主机。完整执行命令如下。

```
mininet@mininet-vm: ~ $ sudo mn -topo linear,4 --controller remote,
ip=192.168.56.1,port=6653
```

结果如图3-25所示。

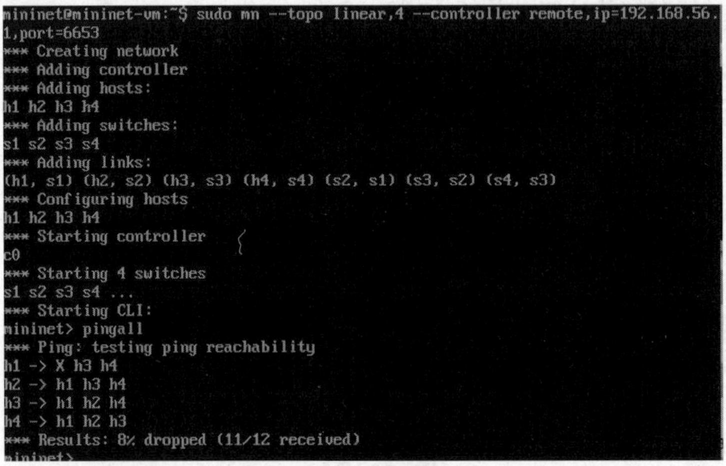

```
mininet@mininet-vm:~$ sudo mn --topo linear,4 --controller remote,ip=192.168.56.
1,port=6653
*** Creating network
*** Adding controller
*** Adding hosts:
h1 h2 h3 h4
*** Adding switches:
s1 s2 s3 s4
*** Adding links:
(h1, s1) (h2, s2) (h3, s3) (h4, s4) (s2, s1) (s3, s2) (s4, s3)
*** Configuring hosts
h1 h2 h3 h4
*** Starting controller
c0
*** Starting 4 switches
s1 s2 s3 s4 ...
*** Starting CLI:
mininet> pingall
*** Ping: testing ping reachability
h1 -> X h3 h4
h2 -> h1 h3 h4
h3 -> h1 h2 h4
h4 -> h1 h2 h3
*** Results: 8% dropped (11/12 received)
mininet>
```

图 3-25   创建自定义拓扑

启动拓扑后，别忘了使主机互相ping通。或者也可以在启动命令时加上--test参数，即sudo mn --test pingall --topo linear,4。

在Floodlight的Web页面中看到拓扑如图3-26所示。

关于这些命令的具体参数用法，详见网址：http://mininet.org/walkthrough/。

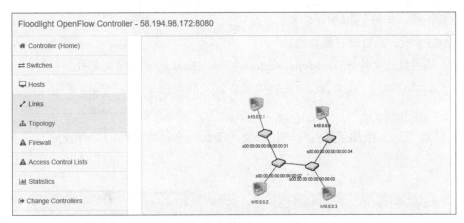

图 3-26　自定义拓扑图

2. 交互式界面创建主机、交换机

先启动一个拓扑，如启动默认拓扑。

（1）添加主机 h3，如图 3-27 所示。

```
mininet> py net.addHost('h3')
<Host h3: pid=3071>
```

图 3-27　添加主机 h3

（2）添加 link，如图 3-28 所示。

```
mininet> py net.addLink(s1,net.get('h3'))
<mininet.link.Link object at 0xb6ef8fac>
```

图 3-28　添加 link

（3）给交换机 s1 添加端口 eth3 用于连接 h3，如图 3-29 所示。

```
mininet> py s1.attach('s1-eth3')
```

图 3-29　添加端口 eth3

（4）给 h3 分配 IP（10.0.0.5），如图 3-30 所示。

```
mininet>
mininet> py net.get('h3').cmd('ifconfig h3-eth0 10.3')
```

图 3-30　分配 IP

（5）h1 ping h3，如图 3-31 所示。

```
mininet> h1 ping -c 4 h3
PING 10.0.0.3 (10.0.0.3) 56(84) bytes of data.
64 bytes from 10.0.0.3: icmp_seq=1 ttl=64 time=19.4 ms
64 bytes from 10.0.0.3: icmp_seq=2 ttl=64 time=6.11 ms
64 bytes from 10.0.0.3: icmp_seq=3 ttl=64 time=0.599 ms
64 bytes from 10.0.0.3: icmp_seq=4 ttl=64 time=1.32 ms
```

图 3-31　h1 ping h3

查看新拓扑，如图3-32所示。

3. 通过 Python 来自定义拓扑结构

例如，通过修改文件 mininet/custom/topo-2sw-2host.py 来自定义拓扑结构。

```
cp ~/mininet/custom/topo-2sw-2host.py mytopo.py   //复制文件
vim mytopo.py
```

如图3-33所示，添加了两行代码，含义为添加一个新的主机h3，并让它与rightSwitch相连。

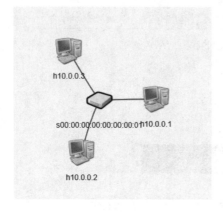

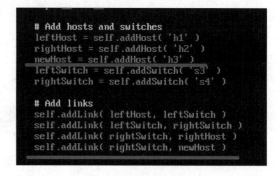

图 3-32　自定义拓扑　　　　　　　　　　　图 3-33　添加代码

接下来，使用新的拓扑启动。

```
sudo mn --custom mytopo.py --topo mytopo -mac  --controller remote,
ip=192.168.56.1,port=6653
```

得到的拓扑如图3-34所示。

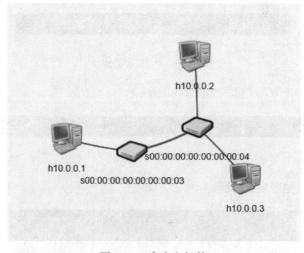

图 3-34　自定义拓扑

3.3 Mininet 源码安装

下面介绍使用 Mininet 源码安装的方式，这种安装方式可以直接在图形桌面的 Ubuntu 系统下安装，能够使用 Mininet 的可视化工具。在一个干净的 Ubuntu 系统中进行安装。如果以前安装过 Mininet，一定要删除干净，建议使用一个干净的 Ubuntu 系统来安装。

扫一扫

Mininet 源码
安装

1．更新软件

命令如下。

```
$sudo apt-get update
$sudo apt-get upgrade
```

2．从 github 上获取 Mininet 源码

命令如下。

```
$sudo git clone git://github.com/mininet/mininet
```

如果报错，可能是系统没有安装 git，安装 git 即可，命令如下。

```
$sudo apt-get install git
```

3．获取完以后，查看当前获取的 Mininet 版本

命令如下。

```
$cd min inet
$cat INSTALL
```

结果如图 3-35 所示。

```
Mininet Installation/Configuration Notes
-------------------------------------------
Mininet 2.3.0d1
---
```

图 3-35 Mininet 版本信息

在 ~/mininet 目录下，可以通过 git tag 命令列出所有可用的 Mininet 版本，如图 3-36 所示。Mininet 2.1.0p1 及以后的版本可以原生支持 OpenFlow 1.3，所以这次安装的 Mininet 2.2.1 版本支持 OpenFlow 1.3 协议。

```
andy@andy-virtual-machine:~/mininet$ git tag
1.0.0
2.0.0
2.1.0
2.1.0p1
2.1.0p2
2.2.0
2.2.1
2.2.2
2.2.2rc1
cs244-spring-2012-final
andy@andy-virtual-machine:~/mininet$
```

图 3-36 所有可用的 Mininet 版本

4. 源码树获取成功以后，安装 Mininet

命令如下。

```
$sudo mininet/util/install.sh[options]
```

这里典型的[options]主要有下面几种。

–a：完整安装包括 Mininet VM，还包括如 Open vSwitch 的依赖关系以及 OpenFlow Wireshark 分离器和 POX。默认情况下，这些工具将被安装在 home 目录中。

–nfv：安装 Mininet、基于 OpenFlow 的交换机和 Open vSwitch。

–s mydir：在其他选项使用前使用此选项可将源代码建立在一个指定的目录中，而不是在 home 目录。

常用的安装方式如图 3-37 所示。

```
# install.sh -a          ##完整安装（默认安装在home目录下）
# install.sh -s mydir -a          ##完整安装（安装在其他目录）
# install.sh -nfv          ##安装Mininet+用户交换机+OVS（安装在home目录下）
# install.sh -s mydir -nfv          ##安装Mininet+用户交换机+OVS（安装在其他
目录下）
```

图 3-37　常用的安装方式

使用完整安装，命令如下。

```
$sudo mininet/util/install.sh -a
```

如果看到 "Enjoy Mininet!"，恭喜你，安装成功了，如图 3-38 所示。

```
make[1]: Entering directory '/home/andy/oflops/doc'
make[1]: Nothing to be done for 'install'.
make[1]: Leaving directory '/home/andy/oflops/doc'
Enjoy Mininet!
andy@andy-virtual-machine:~/mininet/util$
```

图 3-38　安装成功

下面，可以用上一节介绍的方式进行 mn 命令的操作及拓扑的定义。

与控制器连接，可以使用已经配置好的 Floodlight 控制器来查看和管理。本例的命令如下。

```
$sudo mn -controller remote,ip=58.194.98.172,port=6653
```

扫一扫

3.4　Mininet 可视化应用

Mininet 可视化
操作

通过 Mininet 可视化操作，可直接在界面上编辑任意想要的拓扑，生成 Python 自定义拓扑脚本，简单方便。在实验过程中，可以了解以下方面的知识。

（1）MiniEdit 启动方式。

（2）可视化自定义创建拓扑，并设置设备信息。

（3）生成拓扑脚本方便使用。

Mininet 可视化操作的工具是 MiniEdit，启动命令如下。

```
$sudo ~/mininet/mininet/examples/miniedit.py
```

执行启动 Mininet 可视化界面后，界面显示如图 3-39 所示。

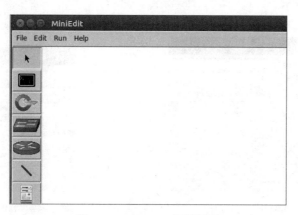

图 3-39　MiniEdit 图形界面

用鼠标选择左侧的对应的网络组件，然后在空白区域单击鼠标左键即可添加网络组件，如图 3-40 所示。

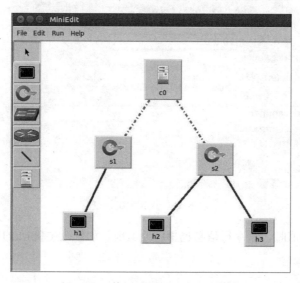

图 3-40　使用 MiniEdit 自定义拓扑

其中 表示 SDN 交换机， 表示主机， 表示控制器。还有两个设备没有用到， 表示传统交换机， 表示传统路由器。

在主机、交换机、控制器上右击，选择 Properties 命令即可设置其属性。如控制器的属性如图 3-41 所示。

修改参数如下。

```
Controller Port:6653,
Controller Type:Remote Controller
IP Address:58.194.98.172
```

结果如图 3-42 所示。

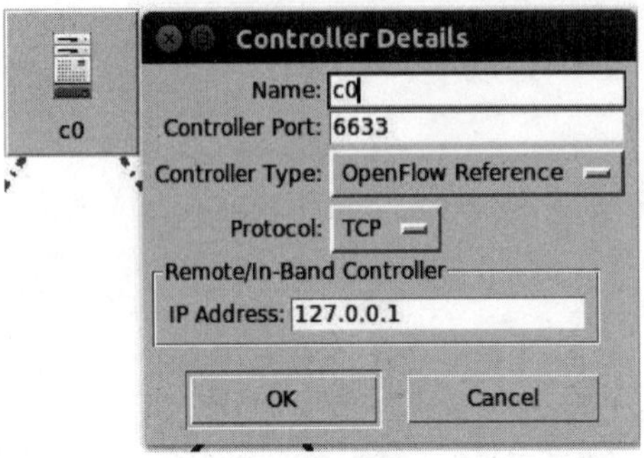
c0
Controller Details
Name: c0
Controller Port: 6633
Controller Type: OpenFlow Reference
Protocol: TCP
Remote/In-Band Controller
IP Address: 127.0.0.1
OK
Cancel

图 3-41　控制器的属性对话框

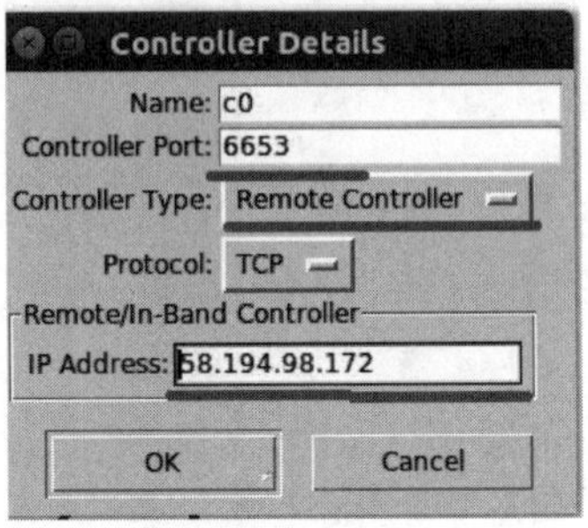
Controller Details
Name: c0
Controller Port: 6653
Controller Type: Remote Controller
Protocol: TCP
Remote/In-Band Controller
IP Address: 58.194.98.172
OK
Cancel

图 3-42　修改 Controller 参数

在主机 h1 属性中添加 h1 的 IP 地址，如图 3-43 所示。

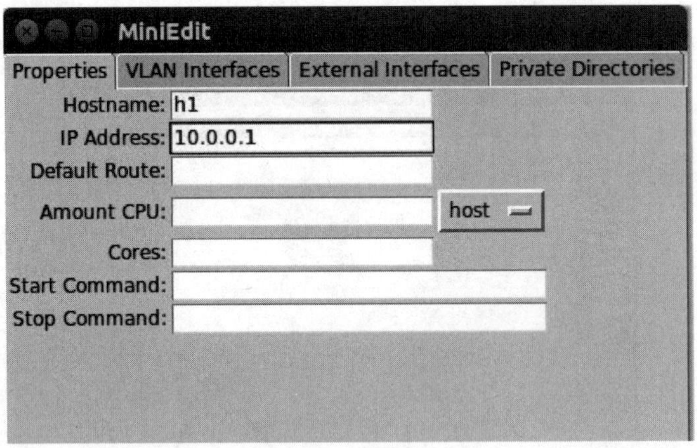
MiniEdit
Properties
VLAN Interfaces
External Interfaces
Private Directories
Hostname: h1
IP Address: 10.0.0.1
Default Route:
Amount CPU:
host
Cores:
Start Command:
Stop Command:

图 3-43　修改主机参数

在修改设备属性值时，命令行信息也相应地出现，如修改主机 h1 的属性后，命令行显示如图 3-44 所示。

New host details for h1 = {'ip': '10.0.0.1', 'nodeNum': 1, 'sched': 'host', 'hos
tname': 'h1'}

图 3-44　主机信息

选择 Edit→Preferences 命令，进入设置界面，可勾选 Start CLI 复选框，这样就可以在命令行直接对主机等进行命令操作，也可以选择交换机支持的 OpenFlow 协议版本（可多选），如图 3-45 所示。

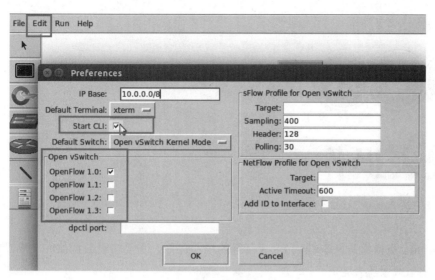

图 3-45　编辑属性

勾选后，命令行信息显示如图 3-46 所示。

```
New Prefs = {'ipBase': '10.0.0.0/8', 'sflow': {'sflowPolling': '30', 'sflowSampl
ing': '400', 'sflowHeader': '128', 'sflowTarget': ''}, 'terminalType': 'xterm',
'startCLI': '1', 'switchType': 'ovs', 'netflow': {'nflowAddId': '0', 'nflowTarge
t': '', 'nflowTimeout': '600'}, 'dpctl': '', 'openFlowVersions': {'ovsOf11': '0'
, 'ovsOf10': '1', 'ovsOf13': '0', 'ovsOf12': '0'}}
```

图 3-46　命令行显示信息

单击左下角 run 按钮，即可启动 Mininet，运行设置好的网络拓扑，可在命令行界面显示出运行的拓扑信息，如图 3-47 所示。

```
Build network based on our topology.
Getting Hosts and Switches.
<class 'mininet.node.Host'>
<class 'mininet.node.Host'>
Getting controller selection:ref
<class 'mininet.node.Host'>
Getting Links.
*** Configuring hosts
h1 h3 h2
**** Starting 1 controllers
c0
**** Starting 2 switches
s1 s2
No NetFlow targets specified.
No sFlow targets specified.
 ng    preven        t from quitting ar  will prevent you from starting t e
network again during this sessoin.

*** Starting CLI:
mininet>
mininet>
```

图 3-47　命令行接口

使用图形界面设置好拓扑后，可以通过选择 File→Export Level 2 Script 命令，将其保存为 Python 脚本，以后直接运行 Python 脚本即可重现拓扑，重现拓扑后可在命令行直接操作。也可以在控制器查看此拓扑。

第4章

流表操作

扫一扫

流表操作

OpenFlow交换机是整个OpenFlow网络的核心部件，主要实现数据层的转发功能，而转发功能主要依赖于流表完成。

OpenFlow交换机需要支持对各种数据的转发，除分组数据外，甚至还包括电路数据，这要求对通路进行合理的抽象。因此把数据通路抽象为流（flow），在OpenFlow中的"流"指的是传输具有相同属性数据分组的逻辑通道，流表中的一个表项标识一个流，并记录了如何处理属于该流的数据分组。流表多由硬件实现，一般采用TCAM。流表的管理与维护由控制器（Controller）负责，如图4-1所示，OpenFlow交换机不仅包含流表，还包含与控制器通信的安全通道，安全通道通过软件实现，OpenFlow控制器与交换机之间的信息交换格式在OpenFlow标准的通信协议部分定义，两者之间通信使用SSL机制加密。

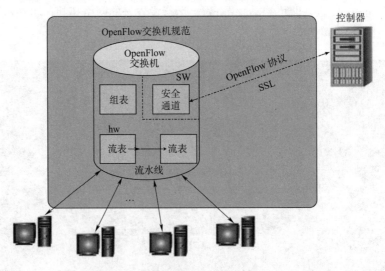

图 4-1　OpenFlow 交换机结构

扫一扫

流表简介

4.1　流表设计

OpenFlow交换机处理单元的核心由流表构成，类似于传统二层交换机的MAC地址表，OpenFlow交换机通过建立流表来实现数据转发，每个流表由许多流表项组成，每个流表项保存着某个数据流的定义以及对应的处理规则。如图4-2所示，OpenFlow标准1.3版中，流表项主要由匹配域（match fields）、优先级（priority）、计数器（counters）、指令（instructions）、超时（timeouts）、Cookie 6部分组成。

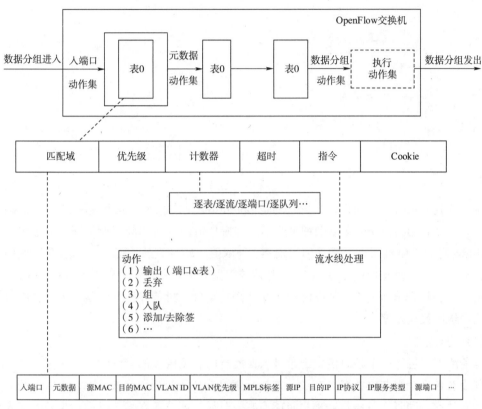

图 4-2　OpenFlow 交换机数据分组处理流程图

（1）匹配域

OpenFlow标准1.3版中必须实现与可选的流表定义的匹配域中的字段多达40个，如图4-3所示，匹配域包含传统TCP/IP网络的L2～L4的众多参数，所以一个流是纵跨L2～L4的逻辑概念。OpenFlow标准约定，每个匹配字段都可以通配，例如，某个流表项仅仅定义了入端口为Port 0/3和目标地址为192.168.1.1/32，则所有从端口Port 0/3进入并发往IP地址为192.168.1.1/32的数据分组都会被认为属于同一个流。

（2）优先级

每条流表项包含一个优先级，指明流表项的匹配次序。

（3）计数值

每个流表项包含一系列计数器，主要记录该流匹配的数据分组数目、比特数等信息。

```
0,  /* Switch input port. */                20,  /* ICMP code. */
1,  /* Switch physical input port. */       21,  /* ARP opcode. */
2,  /* Metadata passed between tables. */    22,  /* ARP source IPv4 address. */
3,  /* Ethernet destination address. */      23,  /* ARP target IPv4 address. */
4,  /* Ethernet source address. */           24,  /* ARP source hardware address. */
5,  /* Ethernet frame type. */               25,  /* ARP target hardware address. */
6,  /* VLAN id. */                           26,  /* IPv6 source address. */
7,  /* VLAN priority. */                     27,  /* IPv6 destination address. */
8,  /* IP DSCP (6 bits in ToS field). */     28,  /* IPv6 Flow Label */
9,  /* IP ECN (2 bits in ToS field). */      29,  /* ICMPv6 type. */
10, /* IP protocol. */                       30,  /* ICMPv6 code. */
11, /* IPv4 source address. */               31,  /* Target address for ND. */
12, /* IPv4 destination address. */          32,  /* Source link-layer for ND. */
13, /* TCP source port. */                   33,  /* Target link-layer for ND. */
14, /* TCP destination port. */              34,  /* MPLS label. */
15, /* UDP source port. */                   35,  /* MPLS TC. */
16, /* UDP destination port. */              36,  /* MPLS BoS bit. */
17, /* SCTP source port. */                  37,  /* PBB I-SID. */
18, /* SCTP destination port. */             38,  /* Logical Port Metadata. */
19, /* ICMP type. */                         39,  /* IPv6 Extension Header pseudo-field */
```

图 4-3　OpenFlow 1.3 中匹配字段汇总

（4）指令

每条流表项包含一个操作值，记录的是 OpenFlow 交换机对于匹配该流表项的数据 nnwv 组的操作，依据 OpenFlow 交换机种类的不同，操作值的取值空间可能不同。对于仅只支持 OpenFlow 写的交换机而言，操作值可能有 3 种取值：转发到特定端口、封装并转发到控制器、丢弃。对于同时支持 OpenFlow 标准与传统数据分组转发与路由机制的 OpenFlow 兼容型交换机而言，操作值可能有 4 种取值：转发到特定端口、封装并转发到器、丢弃、将数据分组交由传统协议栈处理。

（5）超时

每条流表项包含一个超时值，记录最大匹配时间长度或流的有效时间，如果一个流表项长时间没有数据分组与之匹配，超过一定时间阈值后，该流表项将被移除，以保证流表的空间利用有效率。同时，每条流表项也可能有有效时间，即该流在多长时间后失效。流表项超时的阈值和流的有效时间可由网络管理员依据特定数据流的属性以及网络运行状态确定。

（6）Cookie

控制器设定的数据值用来过滤流表统计数据、流改变以及流删除，仅由控制器使用，在处理数据分组时不使用。

综上所述，匹配值的结构包含很多匹配项，涵盖了链路层、网络层和传输层大部分标识。同时，随着 OpenFlow 标准的不断更新，VLAN、MPLS 和 IPv6 等协议也被逐渐扩展到 OpenFlow 标准中。由于 OpenFlow 交换机采取流的匹配和转发模式，因此在 OpenFlow 网络中将不再区分路由器和交换机，而是统称为 OpenFlow 交换机。此外，计数器用来对数据流的基本数据进行统计，操作则表明了与该流表项匹配的数据分组应该执行的下一步操作。

在流表中，匹配字段和优先级共同确定唯一的流表项。所有字段通配（所有字段省略）和优先级等于 0 的流表项被称为 table-miss 流表项。

4.2 流表匹配

OpenFlow交换机在接收一个数据分组后，按照图4-4所示的流程进行流表匹配。

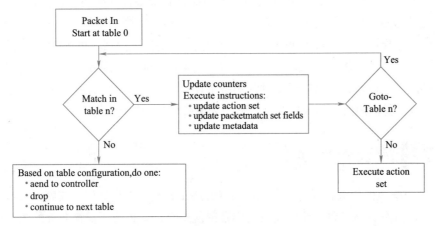

图 4-4 流表的匹配流程

数据分组匹配字段中的值用于查找匹配的流表项。流表项可以通配，如某匹配字段的值为ANY，它就可以匹配数据分组头中该属性所有可能的取值。如果交换机支持任意的位掩码对特定的匹配字段，则借助这些掩码可以实现更精确的匹配。

如果在流水线处理前，OpenFlow交换机配置中OFPC_FRAG_REASM标志位被设置，IP碎片必须被重新组装。

当交换机接收到一个格式不正确或损坏的数据分组时，处理方式交由具体实现的设备厂商自定义。

4.3 流表失配

如果一个流表项的匹配域中所有字段均为ANY，即通配所有值，同时该表项中优先级等于0，则该表项被称为流表失配（table-miss）表项。流表失配表项主要用于指定处理与其他流表项未匹配的数据分组。例如，数据分组发送到控制器，如果该表不是最后一个表，丢弃数据分组或直接将分组扔到后续的表。

通过引入流表失配表项，控制交换机可以采用统一的流表匹配机制来处理不能识别的数据分组，如首次收到的属于未知的数据分组。同时，控制器也可以像对待其他表项一样对待流表失配表项，流表失配表项的行为在许多方面像任何其他流表项：默认情况下，在流表中不存在流表失配表项。控制器可以在任何时候添加或删除它，而且流表失配表项也可能会超时失效。

如果一个数据分组经由CONTROLLER端口发送到控制器，那么该报文必须与一个流表失配表项匹配。如果一个流表中不存在流表失配表项，则默认情况下，流表项无法匹配的数据分组将被丢弃（drop）。然而，在实际应用环境中，具体OpenFlow交换机的配置中可以覆盖此默认值,指定其他行为。

综上所述,在借助流表实现分组的处理环节中,OpenFlow 交换机接收到数据报文后,首先查找流表,找到转发报文的匹配并执行相关动作。若找不到匹配表项,则将报文转发给控制层,由控制器决定转发行为或者直接丢弃。控制器计算最佳转发路径,并通过 OpenFlow 标准协议更新 OpenFlow 交换中的流表,从而实现对整个网络流量的集中管控。进一步地,控制层通过对底层网络基础设施进行资源抽象,为上层应用提供全局的网络资源抽象视图与开放功能接口。因此 SDN 不仅实现网络硬件设备与网络控制功能的解耦,更可使得应用通过控制层提供的开放接口,对控制层提供的网络抽象资源进行编程,以操控各种流量与应用需求相适应,也使得应用产生的流量对网络感知实现网络的智能化。

4.4　流表查询优化

OpenFlow 交换机的流表查询与传统路由器的路由转发表查询类似,在硬件设计上多采用 TCAM 实现,然而 TCAM 目前难以支持大容量的流表存储,因此对交换芯片的大容量快速存取和流水线流表查询的硬件优化成为 OpenFlow 数据平面的关键技术之一,同时也是一个尚未定论的开放性问题。

2008 年,OpenFlow 标准 0.8.9 版的匹配值只有 10 元组,随后几年中,0.9 版增加了 VLAN 优先级,1.0 版增加了 IP 服务类型,1.1 版增加了元数据(metadata)、MPLS 标签和 MPLS 流量类型等 3 个字段,1.2 版则列出需要实现的 13 个字段和可选实现的众多字段,前 13 个字段里包含 IPv6 字段,1.3 版中需要实现可选实现的字段多达 40 个。由此可见,为实现功能的扩展,流表项的匹配长度一直在增加。这种不断扩充的数据平面抽象将极大地增加硬件成本。

如果 OpenFlow 交换机必须使用 TCAM,成本和功耗会居高不下,自然会影响 OF 交换机的推广。OpenFlow 标准 1.1 版中提出多级流表与流水线处理,通过分域多级流表查询来压缩流表空间,在一定程度上减少 OpenFlow 交换机对 TCAM 资源的依赖。因此,很多商业产品可以采用其他高容量芯片代替昂贵的 TCAM,如 SRAM、DRAM、NetFPGA 等,从目前实际部署来看,其于 NetFPGA 的 OpenFlow 交换机在性能上可以满足校园网与企业网的流量需求,但在实现上,当通配符查询耗尽 NetFPGA 硬件资源后,OpenFlow 交换机将以线性查找的软件方式对流表进行匹配查找,这种方式在网络规模增大、细粒度流表需求增加的网络环境下将产生性能瓶颈。

这种性能瓶颈同样会发生在商用硬件 OpenFlow 交换机上,其主要原因在于 OpenFlow 转发抽象对实际硬件资源的过度消耗。因此,如何设计技术方案,实现高效、低价的流表查询硬件优化方案成为数据平面的关键技术之一。

因此,现在最新商业芯片已经开始使用算法来支持路由,盛科的 GreatBelt 芯片是最早使用算法来做路由的商业芯片,它采用 N-FLOW 技术,TCAM+HASH 相结合,HASH 采用哪种 KEY 是可配的,HASH FLOW 高达 64 KB。采用 GreatBelt 的盛科 V350 OpenFlow 交换机在 ONS 2013 上获得 SDN IDOL 大奖,不得不说是得益于这一创新。

4.5　与传统网络的兼容性

由于OpenFlow是对现有网络的改进而非颠覆，因此需要考虑OpenFlow网络与传统网络联合部署的情况。因此，按照是否能够兼容传统网络的路由机制，可以将OpenFlow交换机分为"OpenFlow专用交换机"与"OpenFlow兼容型交换机"。

OpenFlow专用交换机仅安装OpenFlow协议栈，不能按照传统路由的机制转发数据分组。其流表的表项中，指令部分只能是转发到特定端口、封装并转发到控制器、分组丢失三种情况。而对于OpenFlow兼容型交换机，不仅安装了OpenFlow协议栈，也同时安装了传统的L2和L3转发与路由处理协议栈，其流表的表项中，指定部分也增加了一种情况：将数据送给传统协议栈处理。

OpenFlow兼容型交换机的存在有其现实意义。首先，传统协议栈虽然存在各种问题，但是其简洁高效，扩展性好，在大规模网络构建领域应用广泛，OpenFlow是对传统协议栈的改进，也并非所有的数据分组都得到细粒度管控，因此，在OpenFlow兼容型交换机中，控制器可以定义哪些流量由OpenFlow组件处理，哪些流量由传统协议处理，从而在扩展性和管控性上取得平衡。其次，设备厂商可以通过在其网络设备的操作系统中增加OpenFlow支持的形式将传统的交换机/路由器升级为OpenFlow兼容型交换机，虽然对OpenFlow专用交换机而言性能堪忧，但是这种仅靠软件升级即能提供OpenFlow支持的形式大大加速了OpenFlow的部署推广速度；再次，OpenFlow兼容型交换机可以在不影响现有传统网络环境的情况下对OpenFlow技术进行引入测试，也推动了OpenFlow技术的普及应用。

4.6　流表应用实例

下面以Mininet创建的拓扑进行流表操作，帮助读者理解流表的工作原理。启动默认的拓扑，如图4-5所示。

扫一扫

Mininet 进阶命令

```
andy@andy-virtual-machine:~/mininet$ sudo mn
[sudo] password for andy:
*** Creating network
*** Adding controller
*** Adding hosts:
h1 h2
*** Adding switches:
s1
*** Adding links:
(h1, s1) (h2, s1)
*** Configuring hosts
h1 h2
*** Starting controller
c0
*** Starting 1 switches
s1 ...
*** Starting CLI:
```

图 4-5　启动默认拓扑

1. 查看交换机上的流表

在Mininet环境下，执行命令：sh ovs-ofctl dump-flows s1，执行结果如图4-6所示。

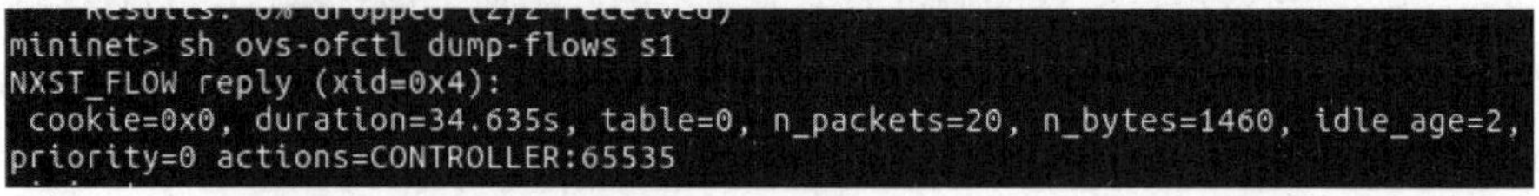

图4-6 查看流表

此时，在Mininet中 pingall一下，交换机下面的两台主机h1、h2应该能互相通信，然后再查看交换机s1中的流表，应该多出两条控制器下发的流表，如图4-7所示。

图4-7 查看流表

可以看到每条流规则由一系列字段组成，包括基本字段、条件字段和动作字段三部分。有了流表后交换机就根据流表来进行数据包的操作，当然也可以人工进行流表的新增、修改、删除操作，在这个环境下可直接在终端下输入命令。

2. 添加流表

如果让交换机s1丢弃从1号端口发来的所有数据包，命令如下。

```
mininet>sh ovs-ofctl add-flow s1 priority=12,in_port=1,actions=drop
```

注：优先级比其他流表优先级高。

增加这条流表以后，Mininet中的h1和h2之间无法通信了，如图4-8所示。

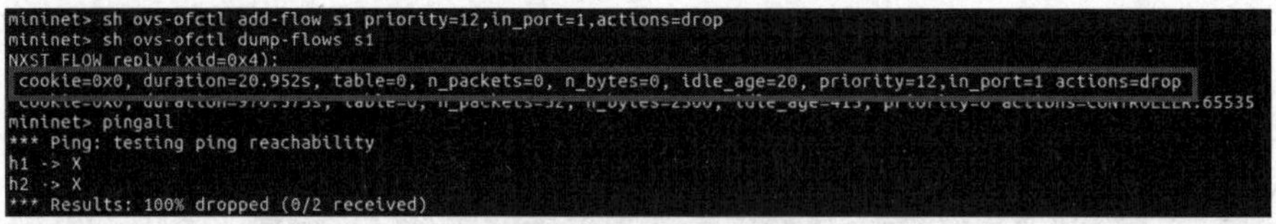

图4-8 添加流表

3. 删除流表

删除条件字段中包含in_port=1的所有流表，命令如下。

```
mininet>sh ovs-ofctl del-flows s1 in_port=1
```

这条命令将删除所有含有in_port=1的流表项，因为之前添加的丢弃1号端口包的流表已被删除，这时Mininet中h1和h2主机又可以正常通信了，如图4-9所示。

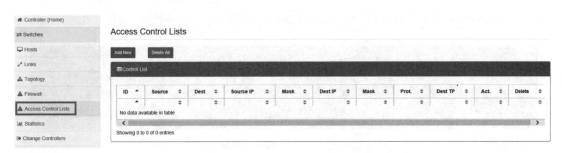

图 4-9　删除流表

通过以上实验，可以验证流表的作用。但是这样操作流表实在是不方便，需要记录大量的命令及参数。所以对流表的操作，在实际应用中通常是在 Controller 中，通过图形化的界面进行。

打开 Floodlight 的 Web 控制界面选择左侧的 Access Control Lists 选项，如图 4-10 所示。

图 4-10　打开流表的 Web 管理界面

此时，流表为空。添加流表操作如下，单击 Add New 按钮，选择 ICMP 协议；在 Source IPv4 文本框中填写 10.0.0.1/24；选择 Action 为 DENY，如图 4-11 所示。

图 4-11　定义流表参数

单击 Create 按钮，创建流表规则，显示流表创建成功。在 Access Control Lists 中增加了一条流表，如图 4-12 所示。

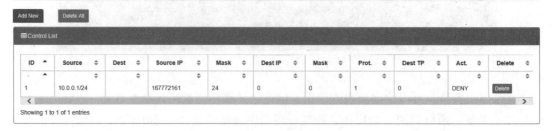

图 4-12　流表列表

此时回到 Mininet 环境下，查看交换机 s1 的流表，并执行 pingall 命令，因为增加的流表对 nw_src=10.0.0.1 的数据包执行的 actions 是 drop，所以 h1 ping 不通 h2，如图 4-13 所示。

```
mininet> sh ovs-ofctl dump-flows s1
NXST_FLOW reply (xid=0x4):
 cookie=0xafffffc499d175, duration=62.382s, table=0, n_packets=0, n_bytes=0, idle_age=62, priority=30000,icmp,nw_src=10.0.
0.0/24 actions=drop
 cookie=0x0, duration=2165.481s, table=0, n_packets=45, n_bytes=3070, idle_age=37, priority=0 actions=CONTROLLER:65535
mininet> pingall
*** Ping: testing ping reachability
h1 -> X
h2 -> X
*** Results: 100% dropped (0/2 received)
```

图 4-13　查看流表并测试

删除流表的操作如下：单击流表右侧的 Delete 按钮，或上方的 Delete All 按钮，如图 4-14 所示。

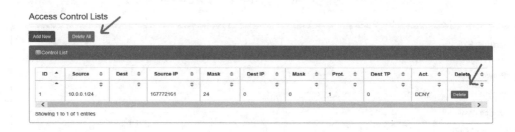

图 4-14　删除流表

删除流表后，查看交换机 s1 中的流表，相应的流表项没有了，h1 和 h2 之间可以恢复通信了，如图 4-15 所示。

```
mininet> sh ovs-ofctl dump-flows s1
NXST_FLOW reply (xid=0x4):
 cookie=0x0, duration=2831.697s, table=0, n_packets=50, n_bytes=3308, idle_age=632, priority=0 actions=CONTROLLER:65535
mininet> pingall
*** Ping: testing ping reachability
h1 -> h2
h2 -> h1
*** Results: 0% dropped (2/2 received)
```

图 4-15　查看流表

Open vSwitch 的安装和使用

在第3章介绍了使用Mininet进行SDN网络的实验环境的搭建，但Mininet提供的SDN的虚拟模型中的主机、SDN交换机是由软件来模拟的，不能把真实的终端与之相连。在没有硬件OpenFlow交换机的情况下，也可以通过软件支持OpenFlow协议并实现虚拟机互联，可以采用Open vSwitch来实现。

5.1　Open vSwitch 简介

Open vSwitch（下面简称OVS）是一个高质量的、多层虚拟交换机。OVS遵循开源Apache 2.0许可，通过可编程扩展，OVS可以实现大规模网络的自动化（配置、管理、维护），同时支持现有标准管理接口和协议（如NetFlow、sFlow、SPAN、RSPAN、CLI、LACP、802.1ag等）。此外OVS支持多种Linux虚拟化技术，包括Xen/XenServer、KVM和VirtualBox等。

OVS的设计目标是通过支持可编程扩展来实现大规模的网络自动化，以方便管理和配置虚拟机网络，检测多物理主机在动态虚拟环境中的流量情况。针对这一目标，OVS具备很强的灵活性，既可以在管理程序中作为软件交换机运行，也可以直接部署到硬件设备上作为控制层，同时在Linux上支持内核态（性能高）、用户态（灵活）。此外，OVS还支持多种标准的管理接口，如NetFlow、sFlow、RSPAN、ERSPAN（enhanced remote SPAN，增强远程交换端口分析器）和CLI，对于其他虚拟交换机设备如VMware的vNetwork分布式交换机以及CISCO的Nexus 1000V虚拟交换机等，它也提供了较好的支持。

OVS的架构如图5-1所示，主要分为三个部分，分别是外部控制器（Off-box）、用户态部分（User）和内核态部分（Kernel）。

外部控制器：Open vSwitch的用户可以从外部连接OpenFlow控制器对虚拟交换机进行配置管理，可以指定流规则，修改内核态的流表信息等。

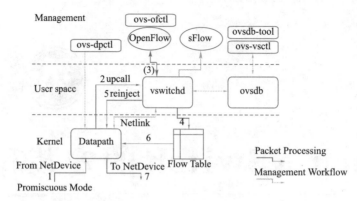

图 5-1　Open vSwitch 架构

用户态：主要包括 ovs-vswitchd 和 ovsdb-server 两个进程。ovs-vswitchd 是执行 OVS 的一个守护进程，它实现了 OpenFlow 交换机的核心功能，并且通过 netlink 协议直接和 OVS 的内核模块进行通信。交换机运行过程中，ovs-vswitchd 还会将交换机的配置、数据流信息及其变化保存到数据库 ovsdb 中，因为这个数据库由 ovsdb-server 直接管理，所以 ovs-vswitchd 需要和 ovsdb-server 通过 UNIX 的 socket 机制进行通信以获得或者保存配置信息。数据库 ovsdb 的存在使得 OVS 交换机的配置能够被持久化存储，即使设备被重启后相关的 OVS 配置仍旧能够存在。

内核态：openvswitch_mod.ko 是内核态的主要模块，完成数据包的查找、转发、修改等操作，一个数据流的后续数据包到达 OVS 后将直接交由内核态，使用 openvswitch_mod.ko 中的处理函数对数据包进行处理。

OVS 主要模块列表如表 5-1 所示。

表 5-1　OVS 模块列表

模　　块	特　　　性
ovs-vswitchd	主要模块，实现 switch 的 daemon，包括一个支持流交换的 Linux 内核模块
ovsdb-server	轻量级数据库服务器，提供 ovs-vswitchd 获取配置信息
ovs-brcompatd	让 ovs-vswitchd 替换 Linux bridge，包括获取 bridge ioctls 的 Linux 内核模块
ovs-dpctl	用来配置 switch 内核模块
ovs-vsctl	查询和更新 ovs-vswitchd 的配置
ovs-appctl	发送命令消息，运行相关 daemon；用 ovsdbmonitor GUI 工具，可以远程获取 OVS 库和 OpenFlow 的流表
ovs-openflowd	一个简单的 OpenFlow 交换机
ovs-controller	一个简单的 OpenFlow 控制器
ovs-ofctl	查询和控制 OpenFlow 交换机和控制器
ovs-pki	为 OpenFlow 交换机创建和管理公钥框架；tcpdump 的补丁，解析 OpenFlow 的消息

OVS交换机负责数据流发送的相关流程如下。

（1）OVS的datapath接收到从OVS连接的某个网络设备发来的数据包，从数据包中提取源/目的IP、源/目的MAC、端口等信息。

（2）OVS在内核状态下查看流表结构（通过Hash），观察是否有缓存的信息可用于转发这个数据包。

（3）假设数据包是这个网络设备发来的第一个数据包，在OVS内核中，将不会有相应的流表缓存信息存在，那么内核将不会知道如何处置这个数据包。所以内核将发送upcall给用户态。

（4）位于用户态的ovs-vswitchd进程接收到upcall后，将检查数据库以查询数据包的目的端口是哪里，然后告诉内核应该将数据包转发到哪个端口，如eth0。

（5）内核执行用户此前设置的动作，即内核将数据包转发给端口eth0，进而数据被发送出去。

OVS交换机负责数据流接收的流程与上述流程类似，OVS为每个与外部相连的网络注册一个句柄，一旦这些设备在线上接收到了数据包，OVS将它转发到用户空间，并检查它应该发往何处以及应该对其采取什么动作。例如，如果是一个VLAN数据包，那么首先需要去掉VLAN tag，然后转发到对应的端口。

在OVS中，有以下几个非常重要的概念。

（1）Bridge：代表一个以太网交换机（Switch），一个主机中可以创建一个或者多个Bridge设备。

（2）Port：与物理交换机的端口概念类似，每个Port都隶属于一个Bridge。

（3）Interface：连接到Port的网络接口设备。在通常情况下，Port和Interface是一对一的关系，只有在配置Port为bond模式后，Port和Interface是一对多的关系。

（4）Controller：OpenFlow控制器。OVS可以同时接受一个或者多个OpenFlow控制器的管理。

（5）datapath：在OVS中，datapath负责执行数据交换，也就是把从接收端口收到的数据包在流表中进行匹配，并执行匹配到的动作。

（6）flow table：每个datapath都和一个flow table关联，当datapath接收到数据之后，OVS会在flow table中查找可以匹配的流，执行对应的操作，例如，转发数据到另外的端口。

5.2　Open vSwitch 安装

本书在Ubuntu 16.04系统进行OVS的安装，OVS使用的是2.3.0版。首先对系统进行更新并安装一些系统组件及库文件以作为OVS正确运行的环境依赖。可以切换至root下进行操作。

```
$sudo su
#apt-get update
#apt-get install -y build-essential
```

此步骤一定要正确完成，如果不能正确执行，可参见本书3.1.3节，将apt-get源指定为国内的源。

1. 下载 OVS 安装包

命令如下。

```
#wget  http://openvswitch.org/releases/openvswitch-2.3.0.tar.gz
```

或者打开浏览器，输入下载网址：http://openvswitch.org/download/，选择相应的版本进行下载，如图5-2所示。

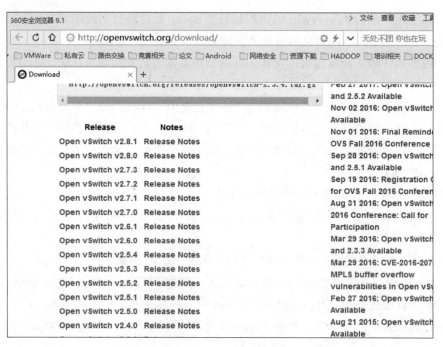

图 5-2　Open vSwitch 下载页面

2. 解压 OVS 安装包

命令如下。

```
# tar  -xzf openvswitch-2.3.0.tar.gz
```

3. 构建基于 Linux 内核的交换机

命令如下。

```
# cd openvswitch-2.3.0
# ./boot.sh
# make clean
# ./configure --with-linux=/lib/modules/'uname -r'/build 2>/dev/null
```

成功执行看到如图5-3所示提示。

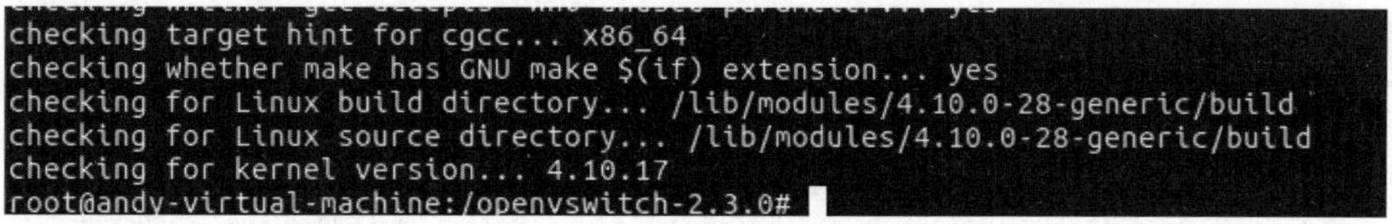

图 5-3　修改内核配置

4．编译并安装 OVS

命令如下。

```
# make && make install
```

5．加载 openvswitch.ko 模块

如果需要 OVS 支持 VLAN 功能，还需要加载 openvswitch.ko 模块，如果不需要，此步骤可以忽略。命令如下。

```
# modprobe gre
# insmod datapath/linux/openvswitch.ko
```

6．安装并加载构建的内核模块

命令如下。

```
# make modules_install
#/sbin/modprobe openvswitch
```

7．使用 ovsdb 工具初始化配置数据库

命令如下。

```
# mkdir -p/usr/local/etc/openvswitch
# ovsdb-tool create/usr/local/etc/openvswitch/conf.db vswitchd/vswitch.
ovsschema  2>/dev/null
```

如果没有报错，则表示 OVS 的部署已经成功完成。如果中间步骤出现问题，请仔细检查是否按步骤进行或有无单词拼写错误。

上面介绍的是使用 OVS 源码编译的安装方式进行的安装，也可以直接在线安装，使用下面的命令，保证网络通畅即可完成。

```
#apt-get install openvswitch-switch
```

查看 OVS 版本的命令如下。

```
#ovs-vsctl -version
```

查询结果如图 5-4 所示。

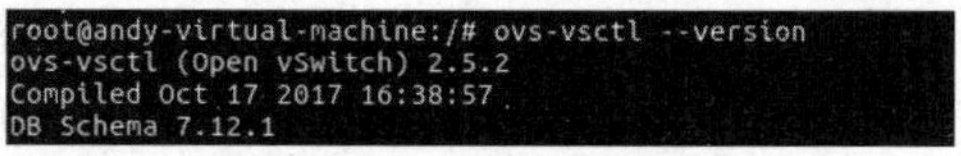

图 5-4　查询 OVS 版本

5.3 Open vSwitch 基本操作

5.3.1 控制管理类命令

1. 查看网桥和端口

命令如下。

```
#ovs-vsctl show
#ovs-vsctl list-br
```

2. 创建一个网桥

命令如下。

```
#ovs-vsctl add-br br0
#ovs-vsctl set bridge br0 datapath_type=netdev
```

查看添加的网桥，如图 5-5 所示。

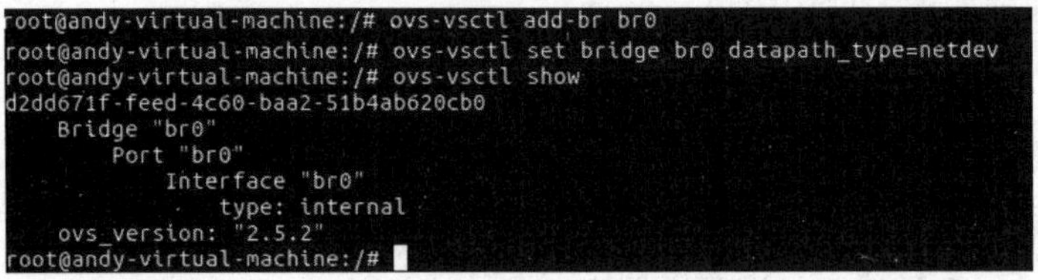

图 5-5　查看添加的网桥

3. 启动网桥

命令如下。

```
#ifconfig br0 up
```

此时再用 ifconfig 命令可以在网络设备列表中看到名为 br0 的网桥启动成功，如图 5-6 所示。

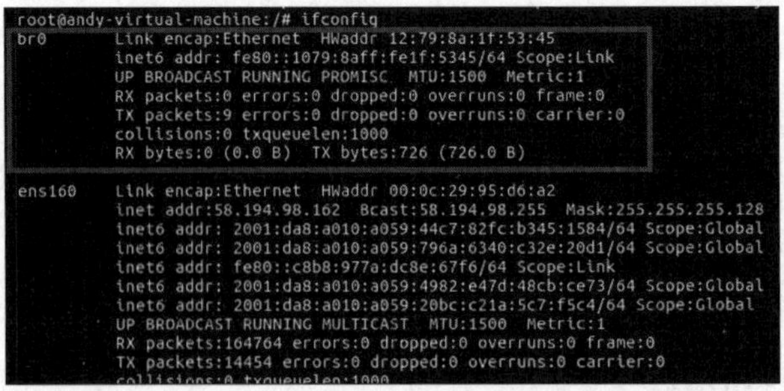

图 5-6　启用网桥

4. 添加 / 删除端口

命令如下。

```
# for system interfaces
```

```
ovs-vsctl add-port br0 eth1
ovs-vsctl del-port br0 eth1
# for DPDK
ovs-vsctl add-port br0 dpdk1 -- set interface dpdk1 type=
dpdk options:dpdk-devargs=0000:01:00.0
# for DPDK bonds
ovs-vsctl add-bond br0 dpdkbond0 dpdk1 dpdk2 \
    -- set interface dpdk1 type=dpdk options:dpdk-devargs=0000:01:00.0 \
    -- set interface dpdk2 type=dpdk options:dpdk-devargs=0000:02:00.0
```

例如，将主机的以太网 ens160 添加到网桥 br0 上，命令如下。

```
ovs-vsctl add-port  br0 ens160
```

查看信息，如图 5-7 所示。

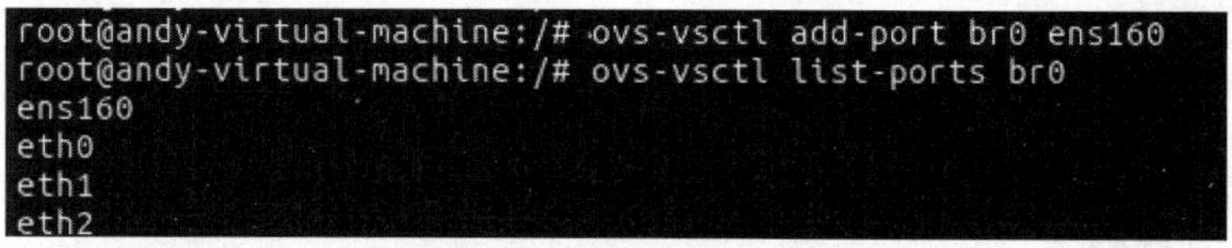

```
root@andy-virtual-machine:/# ovs-vsctl add-port br0 ens160
root@andy-virtual-machine:/# ovs-vsctl list-ports br0
ens160
eth0
eth1
eth2
```

图 5-7　添加物理网卡到虚拟网桥

5．设置 / 清除网桥的 OpenFlow 协议版本

命令如下。

```
ovs-vsctl set bridge br0 protocols=OpenFlow13
ovs-vsctl clear bridge br0 protocols
```

6．查看某网桥当前流表

命令如下。

```
ovs-ofctl dump-flows br0
ovs-ofctl -O OpenFlow13 dump-flows br0
ovs-appctl bridge/dump-flows br0
```

7．设置 / 删除控制器

命令如下。

```
ovs-vsctl set-controller br0 tcp:X.X.X.X:6653
ovs-vsctl del-controller br0
```

例如，本书实验环境所用 Floodlight 地址为 58.194.98.172，添加控制器命令如下。

```
ovs-vsctl set-controller br0 tcp 58.194.98.172:6653
ovs-vsctl show
```

显示效果如图 5-8 所示。

```
root@andy-virtual-machine:/# ovs-vsctl set-controller br0 tcp:58.194.98.172:6653
root@andy-virtual-machine:/# ovs-vsctl show
d2dd671f-feed-4c60-baa2-51b4ab620cb0
    Bridge "br0"
        Controller "tcp:58.194.98.172:6653"
            is_connected: true
        Port "ens160"
            Interface "ens160"
        Port "br0"
            Interface "br0"
                type: internal
        Port "eth1"
            Interface "eth1"
                error: "could not open network device eth1 (No such device)"
        Port "eth2"
```

图 5-8　设置控制器

此时，打开 Floodlight 的 Web 页面，可以看到交换机信息，如图 5-9 所示。

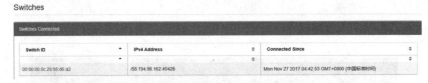

图 5-9　交换机信息

8. 查看控制器列表

命令如下。

```
ovs-vsctl list controller
```

显示信息如图 5-10 所示。

```
root@andy-virtual-machine:/# ovs-vsctl list controller
_uuid                   : bb1c2b04-98af-4eea-b12f-e2f7c284e7cd
connection_mode         : []
controller_burst_limit  : []
controller_rate_limit   : []
enable_async_messages   : []
external_ids            : {}
inactivity_probe        : []
is_connected            : true
local_gateway           : []
local_ip                : []
local_netmask           : []
max_backoff             : []
other_config            : {}
role                    : master
status                  : {sec_since_connect="341", sec_since_disconnect="342", state=ACTIVE}
target                  : "tcp:58.194.98.172:6653"
```

图 5-10　查看控制器列表

9. 设置 / 删除被动连接控制器

命令如下。

```
ovs-vsctl set-manager tcp:1.2.3.4:6640
ovs-vsctl get-manager
ovs-vsctl del-manager
```

5.3.2　流表操作命令

1. 流表操作

（1）添加普通流表

命令如下。

```
ovs-ofctl add-flow br0 in_port=1,actions=output:2
```

（2）删除所有流表

命令如下。

```
ovs-ofctl del-flows br0
```

（3）按匹配项来删除流表

命令如下。

```
ovs-ofctl del-flows br0 "in_port=1"
```

2．匹配项

（1）匹配 vlan tag，范围为 0~4 095

命令如下。

```
ovs-ofctl add-flow br0 priority=401,in_port=1,dl_vlan=777,actions=output:2
```

（2）匹配 vlan pcp，范围为 0~7

命令如下。

```
ovs-ofctl add-flow br0 priority=401,in_port=1,dl_vlan_pcp=7,
actions=output:2
```

（3）匹配源 / 目的 MAC

命令如下。

```
ovs-ofctl add-flow br0 in_port=1,dl_src=00:00:00:00:00:01/00:00:00:00:
00:01,actions=output:2
ovs-ofctl add-flow br0 in_port=1,dl_dst=00:00:00:00:00:01/00:00:00:00:
00:01,actions=output:2
```

（4）匹配以太网类型，范围为 0~65 535

命令如下。

```
ovs-ofctl add-flow br0 in_port=1,dl_type=0x0806,actions=output:2
```

（5）匹配源 / 目的 IP

条件：指定 dl_type=0x0800，或者 ip/tcp，命令如下。

```
ovs-ofctl add-flow br0 ip,in_port=1,nw_src=10.10.0.0/16,actions=output:2
ovs-ofctl add-flow br0 ip,in_port=1,nw_dst=10.20.0.0/16,actions=output:2
```

（6）匹配协议号，范围为 0~255 条件：指定 dl_type=0x0800 或者 ip，命令如下。

```
# ICMP
ovs-ofctl add-flow br0 ip,in_port=1,nw_proto=1,actions=output:2
```

（7）匹配 IP ToS/DSCP，ToS 范围为 0~255，DSCP 范围为 0~63

条件：指定 dl_type=0x0800/0x86dd，并且 ToS 低 2 位会被忽略（DSCP 值为 ToS 的高 6 位，并且低 2 位为预留位），命令如下。

```
ovs-ofctl add-flow br0 ip,in_port=1,nw_tos=68,actions=output:2
ovs-ofctl add-flow br0 ip,in_port=1,ip_dscp=62,actions=output:2
```

（8）匹配 IP ecn 位，范围为 0~3

条件：指定 dl_type=0x0800/0x86dd，命令如下。

```
ovs-ofctl add-flow br0 ip,in_port=1,ip_ecn=2,actions=output:2
```

（9）匹配 IP TTL，范围为 0~255

命令如下。

```
ovs-ofctl add-flow br0 ip,in_port=1,nw_ttl=128,actions=output:2
```

（10）匹配 tcp/udp，源/目的端口，范围为 0~65 535

匹配源 tcp 端口 179，命令如下。

```
ovs-ofctl add-flow br0 tcp,tcp_src=179/0xfff0,actions=output:2
```

匹配目的 tcp 端口 179，命令如下。

```
ovs-ofctl add-flow br0 tcp,tcp_dst=179/0xfff0,actions=output:2
```

匹配源 udp 端口 1234，命令如下。

```
ovs-ofctl add-flow br0 udp,udp_src=1234/0xfff0,actions=output:2
```

匹配目的 udp 端口 1234，命令如下。

```
ovs-ofctl add-flow br0 udp,udp_dst=1234/0xfff0,actions=output:2
```

（11）匹配 tcp flags

命令如下。

```
tcp flags=fin, syn, rst, psh, ack, urg, ece, cwr, ns
ovs-ofctl add-flow br0 tcp,tcp_flags=ack,actions=output:2
```

（12）匹配 icmp code，范围为 0~255

条件：指定 icmp，命令如下。

```
ovs-ofctl add-flow br0 icmp,icmp_code=2,actions=output:2
```

（13）匹配 vlan TCI

TCI 低 12 位为 vlan-id，高 3 位为 priority，例如，tci=0xf123，则 vlan_id 为 0x123，vlan_pcp 为 7。命令如下。

```
ovs-ofctl add-flow br0 in_port=1,vlan_tci=0xf123,actions=output:2
```

（14）匹配 mpls label

条件：指定 dl_type=0x8847/0x8848，命令如下。

```
ovs-ofctl add-flow br0 mpls,in_port=1,mpls_label=7,actions=output:2
```

（15）匹配 mpls tc，范围为 0~7

条件：指定 dl_type=0x8847/0x8848，命令如下。

```
ovs-ofctl add-flow br0 mpls,in_port=1,mpls_tc=7,actions=output:2
```

（16）匹配 tunnel id，源/目的 IP

匹配 tunnel id，命令如下。

```
ovs-ofctl add-flow br0 in_port=1,tun_id=0x7/0xf,actions=output:2
```

匹配 tunnel 源 IP，命令如下。

```
ovs-ofctl add-flow br0 in_port=1,tun_src=192.168.1.0/255.255.255.0,
actions=output:2
```

匹配 tunnel 目的 IP，命令如下。

```
ovs-ofctl add-flow br0 in_port=1,tun_dst=192.168.1.0/255.255.255.0,
actions=output:2
```

一些匹配项的速记符如表 5-2 所示。

表 5-2　匹配项速记符对应表

速记符	匹配项
ip	dl_type=0x800
ipv6	dl_type=0x86dd
icmp	dl_type=0x0800,nw_proto=1
icmp6	dl_type=0x86dd,nw_proto=58
tcp	dl_type=0x0800,nw_proto=6
tcp6	dl_type=0x86dd,nw_proto=6
udp	dl_type=0x0800,nw_proto=17
udp6	dl_type=0x86dd,nw_proto=17
sctp	dl_type=0x0800,nw_proto=132
sctp6	dl_type=0x86dd,nw_proto=132
arp	dl_type=0x0806
rarp	dl_type=0x8035
mpls	dl_type=0x8847
mplsm	dl_type=0x8848

3. 指令动作

（1）动作为出接口

从指定接口转发出去，命令如下。

```
ovs-ofctl add-flow br0 in_port=1,actions=output:2
```

（2）动作为指定 group

group id 为已创建的 group table，命令如下。

```
ovs-ofctl add-flow br0 in_port=1,actions=group:666
```

（3）动作为 normal

转为 L2/L3 处理流程，命令如下。

```
ovs-ofctl add-flow br0 in_port=1,actions=normal
```

（4）动作为 flood

从所有物理接口转发出去，除了入接口和已关闭 flooding 的接口，命令如下。

```
ovs-ofctl add-flow br0 in_port=1,actions=flood
```

（5）动作为 all

从所有物理接口转发出去，除了入接口，命令如下。

```
ovs-ofctl add-flow br0 in_port=1,actions=all
```

（6）动作为 local

一般是转发给本地网桥，命令如下。

```
ovs-ofctl add-flow br0 in_port=1,actions=local
```

（7）动作为 in_port

从入接口转发回去，命令如下。

```
ovs-ofctl add-flow br0 in_port=1,actions=in_port
```

（8）动作为 controller

以 packet-in 消息上送给控制器，命令如下。

```
ovs-ofctl add-flow br0 in_port=1,actions=controller
```

（9）动作为 drop

丢弃数据包操作，命令如下。

```
ovs-ofctl add-flow br0 in_port=1,actions=drop
```

（10）动作为 mod_vlan_vid

修改报文的 vlan id，该选项会使 vlan_pcp 置为 0，命令如下。

```
ovs-ofctl add-flow br0 in_port=1,actions=mod_vlan_vid:8,output:2
```

（11）动作为 mod_vlan_pcp

修改报文的 vlan 优先级，该选项会使 vlan_id 置为 0，命令如下。

```
ovs-ofctl add-flow br0 in_port=1,actions=mod_vlan_pcp:7,output:2
```

（12）动作为 strip_vlan

剥掉报文内外层 vlan tag，命令如下。

```
ovs-ofctl add-flow br0 in_port=1,actions=strip_vlan,output:2
```

（13）动作为push_vlan

在报文外层压入一层vlan tag，需要使用OpenFlow 1.1以上版本兼容，命令如下。

```
ovs-ofctl add-flow -O OpenFlow13 br0 in_port=1,actions=push_vlan:
0x8100,set_field:4097-\>vlan_vid,output:2
```

set-field值为4096+vlan_id，并且vlan优先级为0，即4 096~8 191，对应的vlan_id为0~
4 095。

（14）动作为push_mpls

修改报文的ethertype，并且压入一个MPLS LSE，命令如下。

```
ovs-ofctl add-flow br0 in_port=1,actions=push_mpls:0x8847,set_field:
10-\>mpls_label,output:2
```

（15）动作为pop_mpls

剥掉最外层mpls标签，并且修改ethertype为非mpls类型，命令如下。

```
ovs-ofctl add-flow br0 mpls,in_port=1,mpls_label=20,actions=
pop_mpls:0x0800,output:2
```

（16）动作为修改源/目的MAC，修改源/目的IP

修改源MAC，命令如下。

```
ovs-ofctl add-flow br0 in_port=1,actions=mod_dl_src:00:00:00:00:00:01,
output:2
```

修改目的MAC，命令如下。

```
ovs-ofctl add-flow br0 in_port=1,actions=mod_dl_dst:00:00:00:00:00:01,
output:2
```

修改源IP，命令如下。

```
ovs-ofctl add-flow br0 in_port=1,actions=mod_nw_src:192.168.1.1,output:2
```

修改目的IP，命令如下。

```
ovs-ofctl add-flow br0 in_port=1,actions=mod_nw_dst:192.168.1.1,output:2
```

（17）动作为修改TCP/UDP/SCTP源目的端口

修改TCP源端口，命令如下。

```
ovs-ofctl add-flow br0 tcp,in_port=1,actions=mod_tp_src:67,output:2
```

修改TCP目的端口，命令如下。

```
ovs-ofctl add-flow br0 tcp,in_port=1,actions=mod_tp_dst:68,output:2
```

修改UDP源端口，命令如下。

```
ovs-ofctl add-flow br0 udp,in_port=1,actions=mod_tp_src:67,output:2
```

修改 UDP 目的端口，命令如下。

```
ovs-ofctl add-flow br0 udp,in_port=1,actions=mod_tp_dst:68,output:2
```

（18）动作为 mod_nw_tos

条件：指定 dl_type=0x0800。

修改 ToS 字段的高 6 位，范围为 0~255，值必须为 4 的倍数，并且不会去修改 ToS 低 2 位 ecn 值，命令如下。

```
ovs-ofctl add-flow br0 ip,in_port=1,actions=mod_nw_tos:68,output:2
```

（19）动作为 mod_nw_ecn

条件：指定 dl_type=0x0800，需要使用 OpenFlow 1.1 以上版本兼容。

修改 ToS 字段的低 2 位，范围为 0~3，并且不会去修改 ToS 高 6 位的 DSCP 值，命令如下。

```
ovs-ofctl add-flow br0 ip,in_port=1,actions=mod_nw_ecn:2,output:2
```

（20）动作为 mod_nw_ttl

修改 IP 报文 ttl 值，需要使用 OpenFlow 1.1 以上版本兼容，命令如下。

```
ovs-ofctl add-flow -O OpenFlow13 br0 in_port=1,actions=mod_nw_ttl:6,
output:2
```

（21）动作为 dec_ttl

对 IP 报文进行 ttl 自减操作，命令如下。

```
ovs-ofctl add-flow br0 in_port=1,actions=dec_ttl,output:2
```

（22）动作为 set_mpls_label

对报文最外层 mpls 标签进行修改，范围为 20 bit 值，命令如下。

```
ovs-ofctl add-flow br0 in_port=1,actions=set_mpls_label:666,output:2
```

（23）动作为 set_mpls_tc

对报文最外层 mpls tc 进行修改，范围为 0~7，命令如下。

```
ovs-ofctl add-flow br0 in_port=1,actions=set_mpls_tc:7,output:2
```

（24）动作为 set_mpls_ttl

对报文最外层 mpls ttl 进行修改，范围为 0~255，命令如下。

```
ovs-ofctl add-flow br0 in_port=1,actions=set_mpls_ttl:255,output:2
```

（25）动作为 dec_mpls_ttl

对报文最外层 mpls ttl 进行自减操作，命令如下。

```
ovs-ofctl add-flow br0 in_port=1,actions=dec_mpls_ttl,output:2
```

（26）动作为 move NXM 字段

使用 move 参数对 NXM 字段进行操作。

将报文源 MAC 复制到目的 MAC 字段，并且将源 MAC 改为 00:00:00:00:00:01，命令如下。

```
ovs-ofctl add-flow br0 in_port=1,actions=move:NXM_OF_ETH_SRC[]-\>NXM_OF_
ETH_DST[],mod_dl_src:00:00:00:00:00
```

5.4 OpenFlow 数据流分析

了解了流表的基本操作后，下面以一个实际的网络应用分析一下OpenFlow的数据流信息。

Wireshark是一个网络封包分析软件。网络封包分析软件的功能是撷取网络封包，并尽可能显示出最为详细的网络封包资料。Wireshark使用WinPCAP作为接口，直接与网卡进行数据报文交换。

安装Wireshark，命令如下。

```
$sudo apt-get install wireshark
```

启动Wireshark，命令如下。

```
$wireshark
```

Wireshark操作界面如图5-11所示。

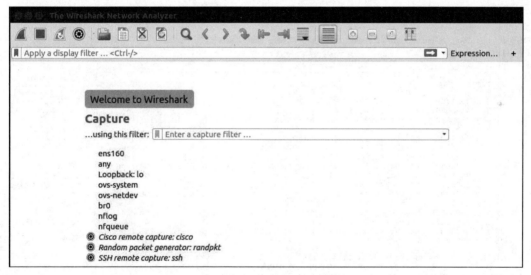

图 5-11　Wireshark 界面

也可以将Wireshark在后面启动，命令如下。

```
$wireshark &
```

单击 ⊚ 图标，可以查看接口信息，本例中要对ens160进行抓包分析，选中ens160接口，单击右下角的Start按钮，如图5-12所示。

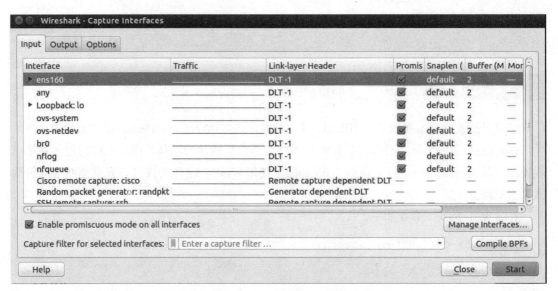

图 5-12　查看要监测的端口

对端口的抓包界面如图 5-13 所示，选中一条 OpenFlow 的数据包，单击下方的 OpenFlow 1.3 选项。

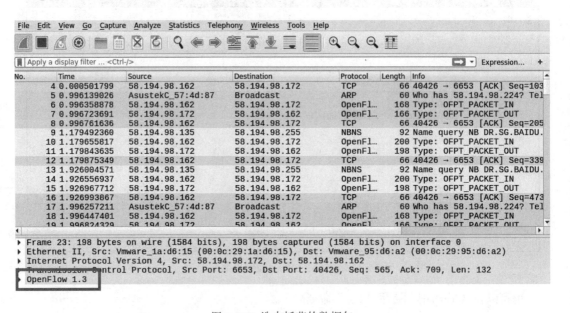

图 5-13　选中抓获的数据包

查看 OpenFlow 报文结构，如图 5-14 所示。

```
▼ OpenFlow 1.3
    Version: 1.3 (0x04)
    Type: OFPT_PACKET_OUT (13)
    Length: 132
    Transaction ID: 111674
    Buffer ID: OFP_NO_BUFFER (0xffffffff)
    In port: 2
    Actions length: 16
    Pad: 000000000000
  ▼ Action
      Type: OFPAT_OUTPUT (0)
      Length: 16
      Port: OFPP_FLOOD (0xfffffffb)
      Max length: OFPCML_NO_BUFFER (0xffff)
      Pad: 000000000000
  ▼ Data
    ▶ Ethernet II, Src: Elitegro 82:1c:1c (ec:a8:6b:82:1c:1c), Dst: Broadcast (ff:ff:ff:ff:ff:ff)
```

图 5-14　OpenFlow 报文结构

　　从抓获的数据包中可以看到，这个报文是 OpenFlow 1.3，Type：OFPT_PACKET_OUT，除了 packet_out 外，还有 hello 消息、feature 消息、stats 消息和 packet_in 等类型。这个报文的长度是 132 字节，是从 2 号口进入的。通过抓包分析报文，可以更清楚地了解 OpenFlow 报文的转过流程，为后面应用开发提供建议和验证。

云网融合

近几年，云计算引起了产业界的高度重视。云计算是一种通过网络实现对各种IT能力进行灵活调用的服务模式。云计算通过分布式计算、虚拟化等技术，构建用于资源和任务统一管理调度的资源控制层，将分散的ITC资源集中起来形成资源池，动态地按需分配给应用使用。云计算服务的出现大大降低了企业信息化的成本，提高了信息化系统的资源利用效率，并推动了云服务市场的快速发展。未来信息通信与消费的世界是一个"终端——网络——业务"三者缺一不可的世界，网络作为重要组成部分负责连接终端与业务，云计算业务的发展使得网络面临着新变革。

作为云计算业务的基本载体，随着云计算业务的部署发展和逐步落地，数据中心经历了一系列演进，呈现出规模化、虚拟化、绿色化等新特点。与此同时，数据中心网络由传统的分层网络结构向云计算网络转型的需求越来越迫切。因此，对网络新技术的探索和实践已经成为当前的主要工作，也是当前IT业内关注的技术领域。

6.1 云计算网络概述

传统数据中心基本上沿用了IP网络中层次化汇聚的组网模式，业务服务器、数据库服务器等IT设备通过接入以太网交换机、汇聚交换机、核心交换机，直至出口路由器连接至互联网。由于传统数据中心中大多是互联网用户与数据中心中服务器之间的交互数据，即所谓"南北向"流量，服务器之间的"东西向"流量较小，因此适合采用这种层层汇聚的层次化组网模式。然而，在云计算时代，数据中心中的横向流量比重增大，需要大规模地更新云计算数据中心的网络架构。

云计算网络从业务到终端可分为虚拟机（virtual machine，VM）之间、服务器之间、数据中心（Internet data center，IDC）之间、用户与云IDC之间4个部分，其中，VM之间、服务器之间的网络位于IDC内部，如图6-1所示。

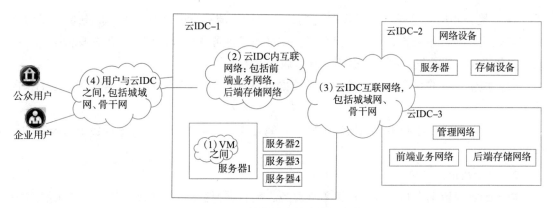

图 6-1 云计算网络技术体系框架

（1）VM之间：物理服务器内虚拟机之间的网络，主要由软件的vSwitch负责进行承载。

（2）服务器之间：物理服务器之间的网络，主要由交换机进行互联，包含纵向与横向的流量。云IDC的分布式计算以横向流量为主，服务器间的VM交换以及横向的迁移需要在二层网络内进行交换，网络面临大二层网络的组网需求。

（3）IDC之间：对于IDC之间互联的网络，同一城域内通过城域网的核心层进行互联，不同城域间的IDC通过骨干网进行互联，提供灾备的IDC存储通过密集型光波复用（dense wavelength division multiplexing，DWDM）或裸光纤进行直连。随着云计算IDC的逐步改造，云业务规模不断扩大，某些规模业务的集群组件需要位于不同的IDC内，需要网络跨IDC机房搭建二层网络。

（4）用户与云IDC之间：用户与云IDC之间通常通过城域网进行互联，随着云业务的逐步部署，应用逐步集中部署在云IDC内，用户与云IDC之间的流量会逐步增大，承载网络带宽需要加大，网络带宽增大的同时需要更加智能，用于对更加丰富的业务提供不同性能的管道服务。

云计算业务最重要的变革之一是服务器和存储设备的软硬件整合，因此IDC内部与IDC之间的网络变革是最大的，需要满足服务器、存储以及管理网络的互联。

6.2 云计算数据中心特性及网络需求

云计算数据中心相较于传统的数据中心，具有很多新的特性，下面进行详细的分析。

6.2.1 数据中心内部

1. 横向流量增加

云计算数据中心的显著变化之一是采用分布式计算。分布式计算对数据中心的流量模型带来巨大的变化，流量模型从以纵向流量（南北向流量，用户访问服务器流量）为主变为以横向流量（东西向流量，服务器之间的流量）为主。

分布式计算的应用场景包括以下3个方面。

（1）丰富的用户体验需求使得同一页面上的数据可以由多个业务服务器上的数据整合而

成，这个整合和交互过程产生了横向流量。如登录主流社交网站时，主页将新闻、即时消息、音乐内容和视频业务等一次推出。再如完成电子商务支付时，订单、用户身份信息、即时消息等数据同时分发到多个数据库、存储服务器中去。

（2）搜索业务的计算模式可能采用了数据中心内的多台业务服务器，增加了中心的横向流量。

（3）云计算数据中心由于采用虚拟机的承载方式，虚拟机的动态迁移也会带来一定的横向流量变化。

2．虚拟机动态迁移

由于云计算数据中心基于虚拟机承载业务，因此虚拟机动态迁移就成为云互联模式的一个重要应用场景。

虚拟机动态迁移是指，在保障虚拟机所承载业务连续性的基础之上（通常会有毫秒级的宕机时间，一般来说不会影响上层业务），将一个运行中的虚拟机从一台物理主机迁移到另外一个主机上面。虚拟机迁移应用的场景来自提高维护效率、绿色节能、容灾备份等需求。

3．基于虚拟机的流量监控

云计算数据中心中虚拟机到服务器的流量可以通过交换机镜像、网络分析设备进行监控，但虚拟机之间的流量无法进行监控，可以通过改进虚拟交换机软件，实现流量监控或镜像方式，但是需要消耗过多的CPU资源。通过对虚拟机之间流量的监控可以了解虚拟机的动态变化，提供虚拟机变化所需的交换资源，强化云计算的虚拟服务能力。

虚拟平台上的软件交换机虽然能够提供基本的二层服务，但如果涉及大规模数据中心精细化管理，内置在虚拟化平台上的软件交换机还无法实现虚拟机之间及不同虚拟机间的流量监控。由于这个交换机的管理范围被限制在物理服务器网卡之下，无法在整个数据中心范围内针对虚拟机提供端到端服务，只有整合了虚拟化软件、物理服务器网卡和上联交换机的解决方案才能彻底解决基于虚拟机的流量监控问题。

4．大规模应用虚拟机

由于虚拟机的松耦合和强隔离等特性，在数据中心中大规模应用虚拟机可以在保障业务间互不影响的前提下，有效地提高服务器的资源利用率。和传统服务器数目相比，云计算数据中心中虚拟机数目可能成数十倍增长，由于每台虚拟机都需要配置MAC/IP，虚拟机数目的激增也会导致网络中MAC/IP数目巨大，从而带来了交换机MAC地址表成为瓶颈、STP协议性能下降、ARP广播等新问题。

6.2.2 数据中心之间

数据中心之间的需求除了满足数据中心内部新特性之外，需能实现以下两个常见的业务需求。

1．数据中心之间的动态迁移与容灾备份

跨数据中心管理通常用于实现业务的容灾备份或扩容等新需求。实施数据中心的容灾备份系统是企业业务持续运作的要求，同时也是企业规避风险健康发展、进行全球化战略发展和布局、成为世界级企业的要求，是行业监管政策的必要措施。除此之外，为了业务的良性发展，业务的动态扩容也逐渐成为数据中心的新需求。当业务不能满足客户需求时，数据中心应该能具备将部分业务迁移到其他新的数据中心中的技术能力。

2. 企业私有云和运营商公有云的互联

部分运营商在建设数据中心时提供企业私有云的扩容服务，即当企业私有云不能满足企业自己的运营要求时，可通过租借运营商提供的公有云来补充，此时需要运营商可提供数据中心与企业私有云的互联能力。

6.3　云计算数据中心的网络需求

以承载云计算业务为主要目的的云计算数据中心呈现出规模化、虚拟化、绿色等新特点，网络作为基本载体的重要组成部分，在满足云计算数据中心计算、存储互联的同时，还要满足云计算业务的承载，因此，网络需要与计算、存储一同进行一系列新的变革。云计算数据中心中大量部署虚拟机，同时原本独立的数据网络和存储网络也逐步被统一的以太网所代替，这就产生了以下新的需求。

6.3.1　数据中心内部

1. 横向流量增大带来的新问题

横向流量增大是由于业务模式转变等原因造成的。由于横向流量突发性强，容易产生网络拥塞，造成分组丢失。同时，带宽利用率低在这种情况下更加突出，横向流量的增大对于数据中心内部网络一定带宽的需求也会增大。

2. 虚拟机动态迁移带来的新问题

虚拟机动态迁移技术将为IDC带来更大的灵活性和价值。

（1）提高运维效率。数据中心中的物理主机可以用更可控的方式维护系统，将它们的维护安排在正常的运营时间内，这样可有效提高运维效率。

（2）节能减排。数据中心也能够在业务需求下降时，通过增加合并比率和关闭闲置的物理主机来降低能耗，从而降低成本。

（3）容灾备份。由于目前虚拟机动态迁移技术要求所迁移的虚拟机维护IP地址、MAC地址不变，在跨域场景下受限于物理路由的可达性，当迁移发生后，虚拟机原有的网络配置将不能与外界正常通信，无法保证业务连接的连续性。因此在跨域场景下首先需要所有的虚拟机位于统一的二层网络下，以满足网络的基本需求，可以基于二层或三层的解决方案来实现。

3. 虚拟机流量监控带来的新问题

随着服务器被改造成虚拟化平台，接入层从以前的物理端口延伸到服务器内部为不同虚拟机之间的流量交换提供服务，将虚拟机同网络端口关联起来。目前业界虚拟机之间的交换通常由虚拟交换机（virtual switch，vSwitch）来完成。vSwitch实现虚拟机之间通信的流量监管、虚拟交换机端口策略等功能，另外vSwitch管理范围被限制在物理服务器网卡之下，无法在整个数据中心提供针对虚拟机的端到端服务。同一台物理服务器上不同虚拟机的流量在离开服务器网卡后仍然混杂在一起，对于上联交换机来说，旧的网管界面无法处理虚拟环境下的多流量共同使用同一端口的问题。

4．网络规模扩大带来的新问题

网络规模扩大是由服务器和虚拟机数量增长造成的。目前业界采用的方案包括扁平化的二层网络架构和传统三层网络架构。二层网络与传统三层组网方案相比，可以有效地提高数据中心内部流量的转发效率，并且降低组网成本。但是，网络规模增大后二层网络的可靠性及扩展性差等问题都将成为新的瓶颈，主要体现为以下两个方面。

（1）生成树协议STP受限于网络规模，故障概率和收敛时间将成倍增长。

主要表现在以下方面。

①STP会阻塞一些端口，链路不能得到充分利用。

②STP选择的路径未必是流量的最优路径，转发不是依据像路由协议这样的最短路径。

③以太网报文头没有跳计数（hop count），在交换机上的生成树协议产生临时环路时，会导致以太帧在网络中成指数被复制，可能导致雪崩。

④流量沿生成树转发，导致流量集中在生成树所选的链路上，无法在次优链路上分担流量。

⑤网络拓扑小的变化会造成生成树重新计算，网络动荡较大。

（2）ARP广播问题。

大规模扁平化的网络造成二层广播域的扩大，引起了基于二层广播域的ARP广播流量的大量增加。由于设备都需要对ARP报文进行CPU的处理，大量增加的ARP也就给交换机、路由器以及终端设备带来了很大的负担。另外，由于虚拟机可以随意迁移，所以传统的将每个广播域限制在特定端口下的做法就不再可行了，否则虚拟机的迁移将不能满足"任何时间""任何地点"的基本要求。目前ARP广播在大二层的主要问题在于以下4个方面。

①网元设备CPU处理负荷大。在大部分情况下，ARP的流量增长是和虚拟机数量的增长成线性关系。在特殊情况下，如虚拟机突然宕机，ARP的流量甚至会出现突发性的增长并维持一小段时间。当虚拟机的数量达到百万级后，核心交换机连接或内置的出口路由器的CPU将会无法承担如此大的负荷用于ARP报文。

②ARP表项MAC表项的增大。随着虚拟机数目的增多，这类表项的条目数也极大地增加。这个问题可以通过硬件和软件的升级来进行一定程度的缓解。

③网络带宽的占用。由于ARP的流量很大一部分是广播的，大量的ARP会占用带宽资源。

④ARP的丢失。虚拟机提高了带宽的利用率，另一方面也带来了拥塞可能性的提高。所以ARP报文也有可能丢失。如果报文丢失是发生在虚拟机迁移时，那么就有可能在短时间内，特定路径上的交换机无法更新其MAC表项指向正确的位置。如果三层设备并不是基于端口来配置子网，那么虚拟机就可以跨三层设备端口迁移。在这种情况下，ARP报文在丢失的同时还会在一定时间内造成三层设备ARP表项没有同步更新。

目前ARP广播问题在业界有多种解决方法，它们大部分用于解决上述问题的一点或几点，但无法解决全部问题。

综合考虑上述新问题，数据中心内部新组网需求总结如下。

（1）高效无收敛／低收敛的二层网络。

（2）具有承载大规模虚拟机的能力。

（3）网络架构及设备支持虚拟机的动态迁移。

（4）网络设备支持虚拟机的流量监控。

（5）统一的交换网络。

6.3.2 数据中心之间

数据中心之间新组网需求总结如下。

（1）在保持业务连续性前提下，VM可在跨数据中心间实现动态迁移。

（2）广播消息需在数据中心间实现隔离。

（3）可满足企业私有云和公有云的互通。

（4）VM跨数据中心动态迁移时和业务相关的网络设备状态信息需保持一致性。

6.3.3 用户与数据中心之间

在云计算环境下，传统本地计算机实现的计算、数据存储和交互被云计算模式下的云端计算、云存储所取代，用户与数据中心业务服务器交互的频率大大增加，用户需要上传和下载大量数据，在这种情况下，用户访问数据中心网络有以下新的需求。

（1）用户访问数据中心对时延更加敏感，要求网络转发跳数尽量少，保证时延低，用户体验好。

（2）支持用户访问业务时同时连接多个数据中心的站点。

（3）用户访问业务时，一个站点的服务器故障或服务迁移后，用户可随之快速切换。

6.4　基于 OpenStack 的 SDN 实践

在复杂的云环境中，如何高效利用网络，让创新的应用发挥更大的价值成为当前云计算发展的重要课题。云计算、虚拟化等技术的发展带来了新一轮的IT技术变革。网络服务模式已经从传统的连接服务转向面向应用的服务，对用户而言，他们需要的不再是简单的技术和网络设备，而是应用价值及应用整合交付。

目前产业界的云网融合已经初见端倪，这一领域的发展将对云计算业务和网络技术本身产生深远的影响。

业内现已存在大量的IaaS管理平台，除VMware、微软、IBM等厂商的商业产品外，还存在着OpenStack、CloudStack、Encalyptus、OpenNebule等开源产品，其中OpenStack以功能成熟、应用灵活等特点，是目前应用最广泛的开源云管理平台。

6.4.1 OpenStack 概述

OpenStack是于2010年由美国国家航空航天局和Rackspace共同发起的一个云平台管理项目，同时也是一个旨在为公共云及私有云的建设与管理提供软件的开源项目。OpenStack项目的首要任务是简化云部署过程并为其带来良好的可扩展性，从而打造易于部署、功能丰富且易于扩展的云计算平台。

OpenStack由多个相对独立的服务组件构成，主要包括以下组件。

（1）计算（Compute）：Nova。一套控制器，用于为单个用户或使用群组管理虚拟机实例的整个生命周期，根据用户需求来提供虚拟服务。负责虚拟机创建、开机、关机、挂起、暂停、调整、迁移、重启、销毁等操作，配置CPU、内存等信息规格。自Austin版本集成到项目中。

（2）对象存储（Object Storage）：Swift。一套用于在大规模可扩展系统中通过内置冗余及高容错机制实现对象存储的系统，允许进行存储或者检索文件。可为Glance提供镜像存储，为Cinder提供卷备份服务。自Austin版本集成到项目中。

（3）镜像服务（Image Service）：Glance。一套虚拟机镜像查找及检索系统，支持多种虚拟机镜像格式（AKI、AMI、ARI、ISO、QCOW2、Raw、VDI、VHD、VMDK），有创建上传镜像、删除镜像、编辑镜像基本信息的功能。自Bexar版本集成到项目中。

（4）身份服务（Identity Service）：Keystone。为OpenStack其他服务提供身份验证、服务规则和服务令牌的功能，管理Domains、Projects、Users、Groups、Roles。自Essex版本集成到项目中。

（5）网络和地址管理（Network）：Neutron。提供云计算的网络虚拟化技术，为OpenStack其他服务提供网络连接服务。为用户提供接口，可以定义Network、Subnet、Router，配置DHCP、DNS、负载均衡、L3服务，网络支持GRE、VLAN。插件架构支持许多主流的网络厂家和技术，如Open vSwitch。自Folsom版本集成到项目中。

（6）块存储（Block Storage）：Cinder。为运行实例提供稳定的数据块存储服务，它的插件驱动架构有利于块设备的创建和管理，如创建卷、删除卷，在实例上挂载和卸载卷。自Folsom版本集成到项目中。

（7）UI界面（Dashboard）：Horizon。OpenStack中各种服务的Web管理门户，用于简化用户对服务的操作，例如，启动实例，分配IP地址，配置访问控制等。自Essex版本集成到项目中。

（8）测量（Metering）：Ceilometer。像一个漏斗一样，能把OpenStack内部发生的几乎所有的事件都收集起来，然后为计费和监控以及其他服务提供数据支撑。自Havana版本集成到项目中。

（9）部署编排（Orchestration）：Heat。提供了一种通过模板定义的协同部署方式，实现云基础设施软件运行环境（计算、存储和网络资源）的自动化部署。自Havana版本集成到项目中。

（10）数据库服务（Database Service）：Trove。为用户在OpenStack的环境提供可扩展和可靠的关系和非关系数据库引擎服务。自Icehouse版本集成到项目中。

OpenStack架构及各主要功能组件的交互关系如图6-2所示。

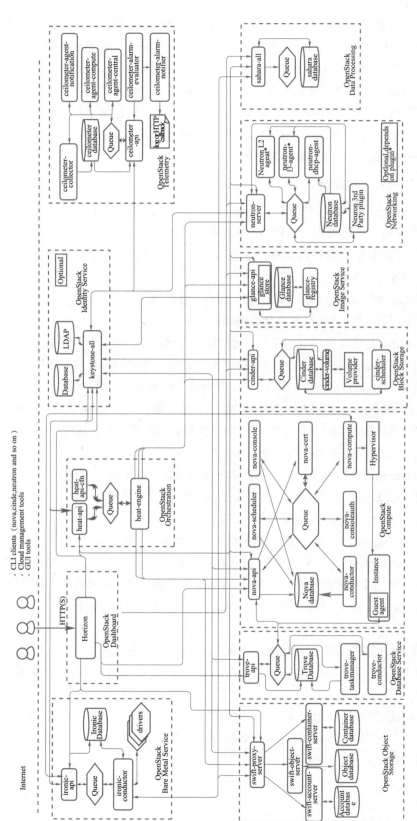

图 6-2 OpenStack 主要功能组件架构

由图6-2可以看出：最终用户通过统一的Web接口或直接通过API与每个业务组件交互；所有的认证通过统一的Keystone组件完成；任何2个业务的交互通过API（含用户Web接口）来实现（除非有管理员的授权指令）。

在OpenStack的早期版本中，网络功能仅由Nova的一个子系统实现，网络容量、功能及扩展性均非常有限，这些都逐渐成为OpenStack作为云管理平台继续发展的瓶颈。为了向云计算业务提供更多的网络服务，OpenStack从Folsom版本开始将网络功能从Nova中剥离出来，由专门的Neutron作为核心组件去实现。

6.4.2　Neutron 及 SDN 插件

作为OpenStack的网络管理组件，Neutron允许用户创建自己的网络并与服务器接口相关联支持插件架构，允许用户充分利用商业或开源的网络设备和软件，从而实现架构和部署的动态变化；支持负载均衡等额外的网络业务。Neutron收到API请求后将其路由到合适的Neutron插件以进行下步处理。

Neutron通过提供API给云租户以构建丰富的网络拓扑，例如，创建多层次的网络应用拓扑，配置类似端到端的QoS保证等高级网络功能。

另外，Neutron提供了可扩展的架构，通过插件和代理执行实际的网络操作，包括创建网络/子网、生成端口、IP寻址等。这些插件和代理依赖于特定的商用或开源技术实现不同的网络服务。最初Neutron仅能实现接口间的二层互联，随着不同插件的引入，OpenStack架构开始能够实现更多包括SDN在内的高级网络功能。总体而言，Neutron插件可将从Neutron业务API收到的逻辑网络状态变更"翻译"并映射为特定的转发操作。通过API扩展，Neutron插件可实现除二层连接以外更多的高级网络功能。

目前Neutron通过支持如下插件和代理实现更多高级网络服务。

（1）Cisco UCS/Nexus：通过VLAN和net-profiles实现网络隔离。

（2）Nicira NVP：作为Nicira平台的代理。

（3）Open vSwitch（OVS）：通过OVS和隧道技术实现网络隔离。

（4）Linux Bridging：通过VLAN和Linux Bridge实现网络隔离，是一种纯Linux解决方案。

（5）Ryu：网络操作系统代理，采用OpenFlow作为Ryu控制器和转发平面的接口。

（6）Floodlight：基于REST的代理，采用OpenFlow作为Floodlight控制器和转发平面的接口。

大多数的Neutron服务通过利用消息队列在Neutron和多种代理之间路由信息，同时通过数据库为专门的插件保存网络状态。目前Neutron主要与Nova进行通信，为Nova提供网络和连接服务。

由图6-3可以简要地看出Neutron的逻辑工作流程与Nova的协作及插件的作用。其中Neutron及其插件可以实现创建网络、创建端口、将端口与虚拟机网卡关联起来等网络操作，从而实现在物理网络上构建虚拟网络的功能。

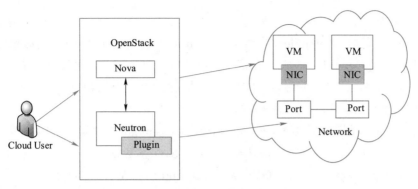

图 6-3　Neutron 插件功能

6.4.3　基于 OpenStack 的 SDN 实验环境搭建

作为开源项目，OpenStack 降低了运营和管理生产 / 实验云基础设施的门槛，同时，极大地缩短了 IaaS 新业务的开发和部署周期。随着 Neutron 作为独立网络业务组件为虚拟机创建虚拟逻辑网络并管理物理和虚拟交换机以及多个商业 / 开源 Neutron 插件的发布，再结合 OpenStack 和 SDN 优势的集成环境，这三者使得云网融合成为可能。

通过基于 Neutron 的插件可以实现多种灵活的 OpenStack 和 SDN 的云网融合，下面以 OpenFlow 控制器插件为例介绍典型的集成环境及计算节点启动、虚拟网络创建、虚拟机实例创建的过程。

图 6-4 所示为 OpenFlow 控制器、OVS 与 OpenStack 的集成逻辑交互关系示例。这里将 OVS 作为 OpenFlow 虚拟交换机构成转发平面。需要注意的是，在实际应用部署时，OpenFlow 物理和虚拟交换机可能会同时存在。

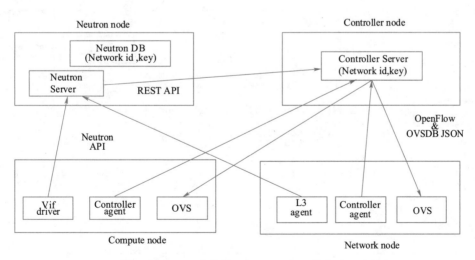

图 6-4　基于 OpenFlow 的控制器与 OpenStack 的集成逻辑关系图

OpenFlow 控制器会对 Neutron 的事件做出响应，包括计算节点的启动，虚拟网络创建 / 删除，虚拟机实例创建 / 删除等。当创建虚拟机实例时，对应的 Neutron 端口随之生成。

6.4.4 启动计算节点

当计算节点启动时，OpenFlow控制器的Neutron插件完成初始工作，将必要的信息告知OpenFlow控制器。OpenFlow控制器在接收到信息后，启动OVS，通过OpenFlow连接OVS和OpenFlow控制器。需要说明的是，OVS的启动包括2步，分别由OpenFlow控制器插件和OpenFlow控制器发起。具体的启动过程描述如下。

（1）OpenFlow控制器插件通过OpenStack RPC为OpenFlow控制器REST API获取IP地址。

（2）OpenFlow控制器通过上述获取的IP地址登录OVS数据库。

（3）OpenFlow控制器插件启动OVS以接受OpenFlow控制器的指令变化。

（4）OpenFlow控制器插件向控制器注册网络标识号、OVS数据库、IP地址等必要的信息。

（5）OpenFlow控制器启动OVS以实现连接，完成相关节点的启动。

6.4.5 创建虚拟网络

当创建虚拟网络时，OpenFlow控制器的Neutron插件分配键值给所创建的虚拟网络，同时将相关信息告知OpenFlow控制器。具体的创建过程描述如下。

（1）用户使用Neutron服务器发起生成虚拟网络的请求。

（2）Neutron服务器上的OpenFlow控制器插件为虚拟网络分配标识号，并保存在Neutron数据库中。

（3）Neutron服务器上的OpenFlow控制器插件将虚拟网络标识号和键值告知OpenFlow控制器。

可以使用dashboard的图形化界面来进行Neutron网络的管理。登录dashboard的Web界面，点击Project->Network->Networks，如图6-5所示。

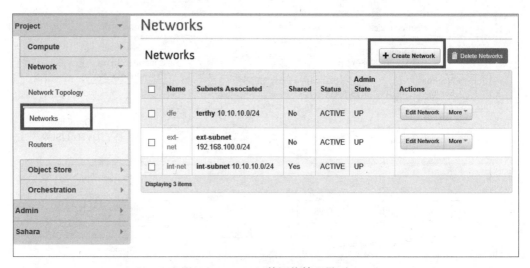

图 6-5　Neutron 的网络管理界面

当要创建新网桥（网络交换机）时，单击右上角的Create Network按钮，输入要创建的Network Name，如图6-6所示。

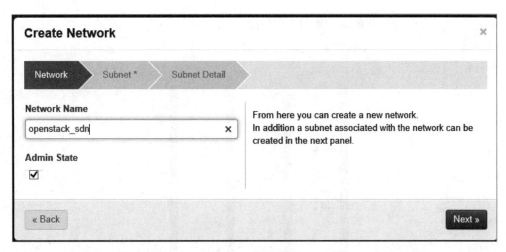

图 6-6　创建网络

单击 Next 按钮，输入 Subnet Name 和 Network Address 信息，如图 6-7 所示。

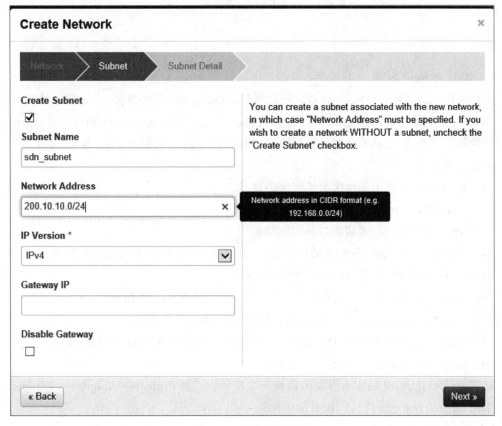

图 6-7　输入子网信息

单击 Next 按钮，完成网络交换机的创建，这时，选择 Network Topology 菜单项，可以查看创建的网络拓扑，如图 6-8 所示。

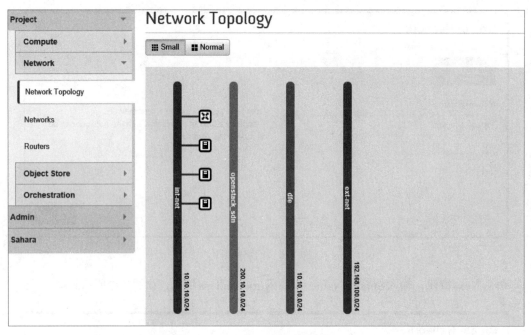

图 6-8　Neutron 网络拓扑

6.4.6　创建虚拟机实例

当创建虚拟机实例时，Neutron 端口随之生成。OpenFlow 控制器 Neutron 插件将网络标识号等相关信息告知 OpenFlow 控制器，进而创建 OVS 端口。OpenFlow 控制器通过 OpenFlow 协议找到端口进而通过 OVS 数据库得到该端口的信息（包括网络标识号、MAC 地址等）。具体的创建过程如下。

（1）用户对 Nova 提出创建虚拟机实例的请求。

（2）Nova 通知 Neutron 创建网络端口。

（3）Neutron 为创建的网络端口分配网络标识号。

（4）OpenFlow 控制器 Neutron 插件将创建的网络标识号告知 OpenFlow 控制器。

（5）Neutron 将分配的端口标识号告知 Nova。

（6）Nova 将网络标识号、端口标识号及 MAC 地址保存入 OVS 数据库。

（7）OVS 通过 OpenFlow 协议通知 OpenFlow 控制器端口已生成。

（8）OpenFlow 控制器查询 OVS 数据库以得到端口标识号及 MAC 地址信息。

（9）OpenFlow 控制器向 OVS 下发流表。

这里使用 dashboard 的 Web 界面来创建一个实例，选择 Project->Compute->Instances 命令，单击 Launch Instance 按钮，如图 6-9 所示。

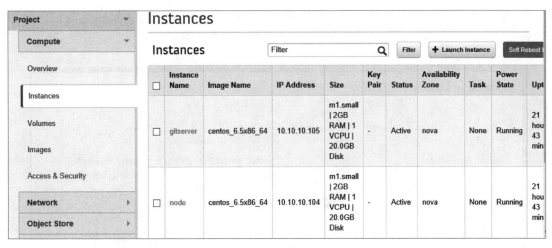

图 6-9　查看实例

填写实例名称和实例数量，并选择 Instance Boot Source 选项，如图 6-10 所示。

Launch Instance　✕

| Details * | Access & Security * | Networking * | Post-Creation | Advanced Options |

Availability Zone

nova ▾

Instance Name *

Centos6.5

Flavor *

m1.tiny ▾

Instance Count *

1

Instance Boot Source *

Boot from image ▾

Image Name

centos_6.5x86_64 (340.7 MB) ▾

Specify the details for launching an instance.

The chart below shows the resources used by this project in relation to the project's quotas.

Flavor Details

Name	m1.tiny
VCPUs	1
Root Disk	1 GB
Ephemeral Disk	0 GB
Total Disk	1 GB
RAM	512 MB

Project Limits

Number of Instances　　　3 of 10 Used

Number of VCPUs　　　3 of 20 Used

Total RAM　　　6,144 of 51,200 MB Used

Cancel　　Launch

图 6-10　填写实例信息

单击 Networking 选项卡，选中前面创建的 openstack_sdn 网络，单击 Launch 按钮，如图 6-11 所示。

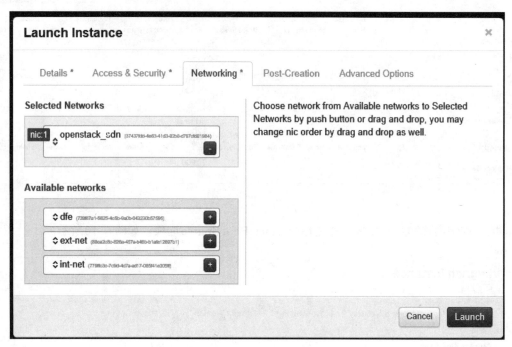

图 6-11　选择网络

SDN 应用开发

SDN 故名思意就是软件定义网络，它提供了丰富的 API 接口，支持厂商和用户自己根据需求来定义网络应用。下面就来介绍如何进行 SDN 应用的开发。

7.1　SDN 应用开发环境搭建

这里以 Floodlight 为例来进行新应用的开发。本例的功能是，发现并记录新的 MAC 地址，并将其接入交换机。开发工作在 Eclipse 开发环境中完成，在 Mininet 上进行调试。

安装 Eclipse，命令如下。

```
$sudo apt-get install eclispe
```

启动 Eclipse，命令如下。

```
$sudo eclipse
```

第一次启动 Eclipse，会有一些系统参数需要设置，选择工程文件保存位置，如图 7-1 所示。

Workspace Launcher

Select a workspace

Eclipse Platform stores your projects in a folder called a workspace.
Choose a workspace folder to use for this session.

Workspace: /home/andy/workspace　▼　Browse...

☐ Use this as the default and do not ask again

Cancel　　OK

图 7-1　设置默认工作目录

默认工作目录最好不要设置在 /root 目录下，因为会有些权限不能使用。本例放在登录用户的宿主目录下。

下载 Floodlight 源代码并编译，命令如下。

```
$git clone git://github.com/floodlight/floodlight.git
$cd floodlight
$ant
$ant eclipse
$sudo mkdir/var/lib/floodlight
$sudo chmod 777/var/lib/floodlight
```

接下来，导入已存在的项目到工作空间，选择根目录为 floodlight 文件夹。

选择 File -> Import -> General -> Existing Projects into Workspace -> Select root direction 命令，找到复制出来的 floodlight 文件夹，选择 finish 选项，如图 7-2 所示。

图 7-2　导入 floodlight

右击 floodlight 项目，选择 Run As -> Run Configuration 命令，或右击，选择 Java Application -> new 命令，输入名字，选择 Project 为 floodlight，选择 Main class 为 net. floodlightcontroller.core.Main，最后单击 Apply 按钮，如图 7-3 所示。

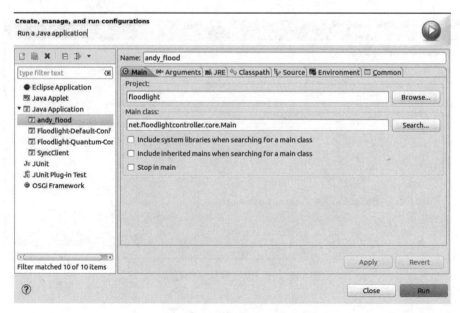

图 7-3　配置 Eclipse 参数

单击Run按钮，编辑程序运行，打开浏览器，输入http://localhost:8080/ui/pages/index.html，显示Controller控制页面，如图7-4所示。

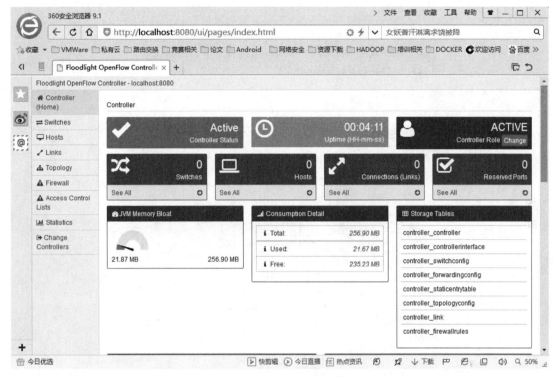

图 7-4　Controller 页面

7.2　创建程序

1. 在 floodlight 工程中创建类

（1）在Package Explorer视图中右击floodlight项目中的src文件夹，选择New -> Class命令。

（2）在Package文本框中输入"main.java.net.floodlightcontroller.mactracker"。

① 在Name文本框中输入"MACTracker"。

② 在Implemented Interfaces selection对话框中单击Add按钮，在Choose interfaces文本框中增加IFloodlightModule和IOFMessageListener选项，然后单击OK按钮，如图7-5所示。

③ 最后单击Finish按钮，如图7-6所示。

图 7-5　选择接口

图 7-6　添加接口

2. main.java.net.floodlightcontroller.mactracker.MACTracker 对应的 Java 程序
程序如下。

```java
package main.java.net.floodlightcontroller.mactracker;
import java.util.Collection;
import java.util.Map;

import org.projectfloodlight.openflow.protocol.OFMessage;
import org.projectfloodlight.openflow.protocol.OFType;

import net.floodlightcontroller.core.FloodlightContext;
import net.floodlightcontroller.core.IOFMessageListener;
import net.floodlightcontroller.core.IOFSwitch;
import net.floodlightcontroller.core.module.FloodlightModuleContext;
import net.floodlightcontroller.core.module.FloodlightModuleException;
import net.floodlightcontroller.core.module.IFloodlightModule;
import net.floodlightcontroller.core.module.IFloodlightService;

public class MACTracker implements IOFMessageListener,IFloodlightModule{

    @Override
    public String getName(){
        //TODO Auto-generated method stub
        return null;
    }

    @Override
    public boolean isCallbackOrderingPrereq(OFType type, String name){
        //TODO Auto-generated method stub
        return false;
    }

    @Override
    public boolean isCallbackOrderingPostreq(OFType type, String name){
        //TODO Auto-generated method stub
        return false;
    }

    @Override
    public Collection<Class<? extends IFloodlightService>>
getModuleServices(){
        //TODO Auto-generated method stub
        return null;
    }
```

```
    @Override
    public Map<Class<?.extends IFloodlightService>, IFloodlightService>
getServiceImpls(){
        //TODO Auto-generated method stub
        return null;
    }

    @Override
    public Collection<Class<? extends IFloodlightService>>
getModuleDependencies(){
        //TODO Auto-generated method stub
        return null;
    }

    @Override
    public void init(FloodlightModuleContext context)throws
FloodlightModuleException{
        //TODO Auto-generated method stub
    }

    @Override
    public void startUp(FloodlightModuleContext context)throws
FloodlightModuleException{
        //TODO Auto-generated method stub
    }

    @Override
    public net.floodlightcontroller.core.IListener.Command receive
(IOFSwitch sw, OFMessage msg,
            FloodlightContext cntx){
        //TODO Auto-generated method stub
        return null;
    }
}
```

3. 设置模块依赖关系并初始化

为了保证程序的正常运行，需要首先处理一系列的代码依赖关系。Eclipse中提供了方便的功能，可以根据代码需要在编辑过程中自动添加依赖包描述。如果没有使用相关工具，就需要在代码中手工加入如下代码。

```
import net.floodlightcontroller.core.module.IFloodlightService;
import java.util.ArrayList;
import java.util.concurrent.ConcurrentSkipListSet;
```

```
import java.util.Set;
import net.floodlightcontroller.packet.Ethernet;
import org.projectfloodlight.openflow.util.HexString;
import org.slf4j.Logger;
import org.slf4j.LoggerFactory;
```

至此，代码的基本框架（skeleton）就已经完成了，接下来将要实现必要的功能使得模块能够被正确加载。

4. 定义成员变量

首先，注册一些Java类中需要使用的成员变量。在这里，因为需要监听OpenFlow消息，所以要向floodlightProvider（IFloodlightProviderService类）注册。同时，还需要一个集合变量macAddresses用于存放控制器发现的MAC地址。最终，还需要一个记录变量logger用于输出发现过程中的记录信息。

```
protected IFloodlightProviderService floodlightProvider;
protected Set macAddresses;
protected static Logger logger;
```

5. 编写模块加载代码

将新增模块与模块加载系统相关联，通过完善 getModuleDependencies() 函数告知模块加载器（module loader）在Floodlight 启动时将自己加载。

```
@Override
    public Collection<Class<? extends IFloodlightService>>
getModuleDependencies(){
        //TODO Auto-generated method stub
        //return null;
    Collection<Class<? extends IFloodlightService>>l=new ArrayList
<Class<? extends IFloodlightService>>();
        l.add(IFloodlightService.class);
        return l;
    }
```

6. 创建 Init 方法

Init 方法将在控制器启动过程的初期被调用，其主要功能是加载依赖关系并初始化数据结构。

```
@Override
    public void init(FloodlightModuleContext context)throws
FloodlightModuleException{
        //TODO Auto-generated method stub
        floodlightProvider=(IFloodlightProviderService)context.
getServiceImpl(IFloodlightService.class);
        macAddresses=new ConcurrentSkipListSet<Long>();
        logger=LoggerFactory.getLogger(MACTracker.class);
```

```
    }
```

7. 处理 Packet-in 消息

在实现基本的监听功能时，Packet_in消息需要在startUp方法中被记录和注册，同时需要确认新增模块需要依赖的其他模块已经被正常初始化。

```
@Override
    public void startUp(FloodlightModuleContext context)throws
FloodlightModuleException{
        //TODO Auto-generated method stub
        floodlightProvider.addOFMessageListener(OFType.PACKET_IN,this);

    }
```

另外，还需要为OFMessage监听者提供一个ID，这可以通过调用getName()实现。

```
@Override
    public String getName(){
        //TODO Auto-generated method stub
        //return null;
        return MACTracker.class.getSimpleName();
    }
```

至此，与Packet_in消息相关的操作即定义完成。另外，还需要注意的是，这里需要返回Command.CONTINUE以允许这个消息能够继续被其他Packet_in处理函数所处理。

```
@Override
    public net.floodlightcontroller.core.IListener.Command receive
(IOFSwitch sw, OFMessage msg, FloodlightContext cntx){
        //TODO Auto-generated method stub
        //return null;
        Ethernet eth =
                IFloodlightProviderService.bcStore.get(cntx,
                IFloodlightProviderService.CONTEXT_PI_PAYLOAD);

        Long sourceMACHash=Ethernet.toLong(eth.getSourceMACAddress());
        if (!macAddresses.contains(sourceMACHash)){
            macAddresses.add(sourceMACHash);
            logger.info("MAC Address:{} seen on switch:{}",
                    HexString.toHexString(sourceMACHash),
                    sw.getId());
        }
        return Command.CONTINUE;
    }
```

加载模块的步骤如下。

（1）注册模块

如果要在 Floodlight 启动时加载新增模块，需向加载器告知新增模块的存在，在 src/main/resources/META-INF/services/net.floodlight.core.module.IFloodlightModule 文件上增加一个符合规则的模块名，即打开该文件并在最后加上如下代码。

```
net.floodlightcontroller.mactracker.MACTracker
```

然后，修改 Floodlight 的配置文件将 MACTracker 相关信息添加在文件最后。Floodlight 的默认配置文件是 src/main/resources/floodlightdefault.properties。其中，floodlight.modules 选项的各个模块用逗号隔开，相关信息如下。

```
floodlight.modules=<leave the default list of modules in
place>, net.floodlightcontroller.mactracker.MACTracker
```

（2）运行控制器

上述工作完成后，即可运行 Floodlight 控制器并观察新增模块的功能。

7.3　增加服务

本节将完成向 Floodlight 中增加一个模块，并可以从中深入了解控制器的基本架构和工作原理。

7.3.1　原理概述

控制器由一个负责监听 OpenFlow Socket 并派发时间的核心模块以及一些向核心模块注册用于处理响应事件的二级模块构成。当控制器启动时，可启用 debug log，进而看到这些二级模块的注册过程，示例如下。

```
17:29:23.231[main]DEBUG n.f.core.internal.Controller-OFListeners
for PACKET_IN:devicemanager,
    17:29:23.231[main]DEBUG n.f.core.internal.Controller-OFListeners
for PORT_STATUS:devicemanager,
    17:29:23.237[main]DEBUG n.f.c.module.FloodlightModuleLoader-Starting
net.floodlightcontroller.restserver.RestApiServer
    17:29:23.237[main]DEBUG n.f.c.module.FloodlightModuleLoader-Starting
net.floodlightcontroller.forwarding.Forwarding
    17:29:23.237[main]DEBUG n.f.forwarding.Forwarding-Starting net.
floodlightcontroller.forwarding.Forwarding
    17:29:23.237[main]DEBUG n.f.core.internal.Controller-OFListeners for
PACKET_IN:devicemanager,forwarding,
    17:29:23.237[main]DEBUG n.f.c.module.FloodlightModuleLoader-Starting
net.floodlightcontroller.storage.memory.MemoryStorageSource
    17:29:23.240[main]DEBUG n.f.restserver.RestApiServer-Adding REST API
routable net.floodlightcontroller.storage.web.StorageWebRoutable
    17:29:23.242[main]DEBUG n.f.c.module.FloodlightModuleLoader-Starting
```

```
net.floodlightcontroller.core.OFMessageFilterManager
    17:29:23.242[main]DEBUG n.f.core.internal.Controller-OFListeners for
PACKET_IN:devicemanager,forwarding,messageFilterManager,
    17:29:23.242[main]DEBUG n.f.core.internal.Controller-OFListeners for
PACKET_OUT:messageFilterManager,
    17:29:23.242[main]DEBUG n.f.core.internal.Controller-OFListeners for
FLOW_MOD:messageFilterManager,
    17:29:23.242[main]DEBUG n.f.c.module.FloodlightModuleLoader-Starting
net.floodlightcontroller.routing.dijkstra.RoutingImpl
    17:29:23.247[main]DEBUG n.f.c.module.FloodlightModuleLoader-Starting
net.floodlightcontroller.core.CoreModule
    17:29:23.248[main]DEBUG n.f.core.internal.Controller-Doing controller
internal setup
    17:29:23.251[main]INFO  n.f.core.internal.Controller-Connected to storage
source
    17:29:23.252[main]DEBUG n.f.restserver.RestApiServer-Adding REST API
routable net.floodlightcontroller.core.web.CoreWebRoutable
    17:29:23.252[main]DEBUG n.f.c.module.FloodlightModuleLoader-Starting
net.floodlightcontroller.topology.internal.TopologyImpl
    17:29:23.254[main]DEBUG n.f.core.internal.Controller-OFListeners for
PACKET_IN:topology,devicemanager,forwarding,messageFilterManager,
    17:29:23.254[main]DEBUG n.f.core.internal.Controller-OFListeners for
PORT_STATUS:devicemanager,topology,
```

针对不同事件，对应不同类型的OpenFlow消息生成，这些动作大部分与Packet_in有关，packet-in是交换机没有流表项能与数据包相匹配时，由交换机发给控制器的OpenFlow消息，控制器进而处理数据包，用一组flowmod消息在交换机上部署流表项，下文示例增加一个新packet-in监听器用于存放packet-in消息，进而允许rest API获得这些消息。

7.3.2 创建程序

1. 在 Eclipse 中添加类

（1）在Floodlight项目中找到"src/main/java"文件。

（2）在"src/main/java"文件下选择 New –> Class 命令。

（3）在Packet文本框中输入"net.floodlightcontroller.pktinhistory"。

（4）在Name文本框中输入"PktInHistory"。

（5）在Implemented Interfaces Selection 对话框中单击 Add 按钮，在 Choose interfaces 文本框中增加 IFloodlight Listener 和 IFloodlightModule 选项，然后单击 OK 按钮。

（6）最后单击 Finish 按钮。

得到如下程序。

```
package net.floodlightcontroller.pktinhistory;
import java.util.Collection;
```

```java
import java.util.Map;
import org.openflow.protocol.OFMessage;
import org.openflow.protocol.OFType;
import net.floodlightcontroller.core.FloodlightContext;
import net.floodlightcontroller.core.IOFMessageListener;
import net.floodlightcontroller.core.IOFSwitch;
import net.floodlightcontroller.core.module.FloodlightModuleContext;
import net.floodlightcontroller.core.module.FloodlightModuleException;
import net.floodlightcontroller.core.module.IFloodlightModule;
import net.floodlightcontroller.core.module.IFloodlightService;

public class PktInHistory implements IFloodlightModule, IOFMessage Listener{

    @Override
    public String getName(){
        //TODO Auto-generated method stub
        return null;
    }

    @Override
    public boolean isCallbackOrderingPrereq(OFType type, String name){
        //TODO Auto-generated method stub
        return false;
    }

    @Override
    public boolean isCallbackOrderingPostreq(OFType type, String name){
        //TODO Auto-generated method stub
        return false;
    }

    @Override
    public net.floodlightcontroller.core.IListener.Command receive(
            IOFSwitch sw, OFMessage msg, FloodlightContext cntx){
        //TODO Auto-generated method stub
        return null;
    }

    @Override
    public Collection<Class<? extends IFloodlightService>>
getModuleServices(){
        //TODO Auto-generated method stub
        return null;
```

```
        }

        @Override
        public Map<Class<? extends IFloodlightService>, IFloodlightService>
getServiceImpls(){
            //TODO Auto-generated method stub
            return null;
        }

        @Override
        public Collection<Class<? extends IFloodlightService>>
getModuleDependencies(){
            //TODO Auto-generated method stub
            return null;
        }

        @Override
        public void init(FloodlightModuleContext context)
                throws FloodlightModuleException{
            //TODO Auto-generated method stub
        }
        @Override
        public void startUp(FloodlightModuleContext context){
            //TODO Auto-generated method stub
        }
    }
```

2. 设置模块依赖关系

模块需要监听 OpenFlow 消息，因此需要向 floodlightProvider 注册，需要增加依赖关系，创建成员变量如下。

```
    IFloodlightProviderService floodlightProvider;
```

然后将新增模块与模块加载相关联，通过完善 getModuleDependencies() 告知模块加载器在 Floodlight 启动时自己加载。

```
    @Override
    public Collection<Class<? extends IFloodlightService>>getModule
Dependencies(){
        Collection<Class<? extends IFloodlightService>>l=new ArrayList
<Class<? extends IFloodlightService>>();
        l.add(IFloodlightProviderService.class);
        return l;
    }
```

3. 初始化内部变量

程序如下。

```
@Override
public void init(FloodlightModuleContext context)throws Floodlight
ModuleException{
    floodlightProvider=context.getServiceImpl(IFloodlightProviderServi
ce.class);
}
```

4. 处理 OpenFlow 消息

本部分实现对 of packet_in 消息的处理，利用一个 buffer 来存储近期收到的 of 消息，以备查询。

在 startUp() 中注册监听器，告诉 Provider 希望处理 of 的 packet-in 消息。

```
@Override
public void startUp(FloodlightModuleContext context){
    floodlightProvider.addOFMessageListener(OFType.PACKET_IN, this);
}
```

为 OFMessage 监听器提供 id 信息，需调用 getName()。

```
@Override
public String getName(){
    return «PktInHistory»;
}
```

对 CallbackOrderingPrereq() 和 isCallbackOrderingPostreq() 的调用，只需让它们返回 false，packet-in 消息处理链的执行顺序并不重要。

作为类内部变量，创建 circular buffer（import 相关包），存储 packet-in 消息。

```
protected ConcurrentCircularBuffer<SwitchMessagePair>buffer;
```

在初始化过程中初始化该变量。

```
@Override
public void init(FloodlightModuleContext context)throws Floodlight
ModuleException{
    floodlightProvider=context.getServiceImpl(IFloodlightProvider
Service.class);
    buffer=new ConcurrentCircularBuffer<SwitchMessagePair>(SwitchMessa
gePair.class, 100);
}
```

最后实现模块接收到 packet-in 消息时的处理动作。

```
@Override
public Command receive(IOFSwitch sw, OFMessage msg, FloodlightContext
```

```
cntx){
    switch(msg.getType()){
        case PACKET_IN:
            buffer.add(new SwitchMessagePair(sw, msg));
            break;
        default:
            break;
    }
    return Command.CONTINUE;
}
```

每次 packet-in 发生，其相应消息都会增加相关的交换机消息。该方法返回 Command. CONTINUE 以告知 IFloodlightProvider 能将 packet-in 发给下一模块，若返回 Command. STOP，则指消息就停在该模块不继续被处理。

7.4　增加 REST API

在实现了一个完整的模块之后，可以实现一个 REST API，来获取该模块的相关信息。需要完成两件事情：利用创建的模块导出一个服务，并把该服务绑到 REST API 模块。

具体说来，注册一个新的 restlet，包括以下步骤。

（1）在 net.floodlightcontroller.controller.internal.Controller 中注册一个 restlet。

（2）实现一个 *WebRoutable 类。该类实现了 RestletRoutable，并提供了 getRestlet() 和 basePath() 函数。

（3）实现一个 *Resource 类，该类扩展了 ServerResource()，并实现了 @Get 或 @Put 函数。

下面具体来看该如何实现。

1. 创建并绑定接口 IPktInHistoryService

首先在 pktinhistory 包中创建一个从 IFloodlightService 扩展出来的接口 IPktInHistory Service（IPktInHistoryService.java），该服务拥有一个方法 getBuffer()，来读取 circular buffer 中的信息。

```
package net.floodlightcontroller.pktinhistory;
import net.floodlightcontroller.core.module.IFloodlightService;
import net.floodlightcontroller.core.types.SwitchMessagePair;
public interface IPktinHistoryService extends IFloodlightService{
    public ConcurrentCircularBuffer<SwitchMessagePair>getBuffer();
}
```

现在回到原先创建的 PktInHistory.java。相应类定义修订如下，让它具体实现 IPktInHistory Service 接口。

```
public class PktInHistory implements IFloodlightModule, IPktInHistorySer
vice, IOFMessageListener{
```

并实现服务的 getBuffer() 方法。

```
@Override
public ConcurrentCircularBuffer<SwitchMessagePair>getBuffer(){
    return buffer;
}
```

通过修改 PktInHistory 模块中 getModuleServices() 和 getServiceImpls() 方法通知模块系统，提供了 IPktInHistoryService。

```
@Override
public Collection<Class<? extends IFloodlightService>>getModule
Services(){
    Collection<Class<? extends IFloodlightService>>l=new ArrayList<Class<?
extends IFloodlightService>>();
    l.add(IPktInHistoryService.class);
    return l;
}
@Override
public Map<Class<? extends IFloodlightService>, IFloodlightService>
getServiceImpls(){
    Map<Class<? extends IFloodlightService>, IFloodlightService>m=new
HashMap<Class<? extends IFloodlightService>, IFloodlightService>();
    m.put(IPktInHistoryService.class, this);
    return m;
}
```

getServiceImpls() 会告诉模块系统，本类（PktInHistory）是提供服务的类。

2. 添加变量引用 REST API 服务

之后，需要添加 REST API 服务的引用（需要 import 相关包）。

```
protected IRestApiService restApi;
```

并添加 IRestApiService 作为依赖，这需要修改 init() 和 getModuleDependencies()。

```
@Override
public Collection<Class<? extends IFloodlightService>>getModule
Dependencies(){
    Collection<Class<? extends IFloodlightService>>l=new ArrayList<Class<?
extends IFloodlightService>>();
    l.add(IFloodlightProviderService.class);
    l.add(IRestApiService.class);
    return l;
}
@Override
public void init(FloodlightModuleContext context)throws Floodlight
```

```
ModuleException{
     floodlightProvider=context.getServiceImpl(IFloodlightProviderService.
class);
     restApi=context.getServiceImpl(IRestApiService.class);
     buffer=new ConcurrentCircularBuffer<SwitchMessagePair>(SwitchMessage
Pair.class, 100);
   }
```

3. 创建 REST API 相关的类 PktInHistoryResource 和 PktInHistoryWebRoutable

现在创建用在 REST API 中的类，包括两部分，创建处理 url call 的类和注册到 REST API 的类。

首先创建处理 REST API 请求的类 PktInHistoryResource（PktInHistoryResource.java）。当请求到达时，该类将返回 circular buffer 中的内容。

```
package net.floodlightcontroller.pktinhistory;

import java.util.ArrayList;
import java.util.List;
import net.floodlightcontroller.core.types.SwitchMessagePair;
import org.restlet.resource.Get;
import org.restlet.resource.ServerResource;

public class PktInHistoryResource extends ServerResource{
@Get("json")
     public List<SwitchMessagePair>retrieve(){
          IPktInHistoryService pihr=(IPktInHistoryService)getContext().
getAttributes().get(IPktInHistoryService.class.getCanonicalName());
          List<SwitchMessagePair>l=new ArrayList<SwitchMessagePair>();
          l.addAll(java.util.Arrays.asList(pihr.getBuffer().snapshot()));
          return l;
     }
}
```

现在创建 PktInHistoryWebRoutable 类（PktInHistoryWebRoutable.java），负责告诉 REST API 注册了 API 并将它的 URL 绑定到指定的资源上。

```
package net.floodlightcontroller.pktinhistory;
import org.restlet.Context;
import org.restlet.Restlet;
import org.restlet.routing.Router;
import net.floodlightcontroller.restserver.RestletRoutable;
public class PktInHistoryWebRoutable implements RestletRoutable{
     @Override
     public Restlet getRestlet(Context context){
```

```
        Router router=new Router(context);
        router.attach("/history/json", PktInHistoryResource.class);
        return router;
    }
    @Override
    public String basePath(){
        return "/wm/pktinhistory";
    }
}
```

并将Restlet PktInHistoryWebRoutable注册到REST API服务，这通过修改PktInHistory类中的startUp()方法来完成。

```
@Override
public void startUp(FloodlightModuleContext context){
    floodlightProvider.addOFMessageListener(OFType.PACKET_IN, this);
    restApi.addRestletRoutable(new PktInHistoryWebRoutable());
}
```

4. 自定义序列化类

数据会被Jackson序列化为REST格式。如果需要指定部分序列化，需要自己实现序列化类OFSwitchImplJSONSerializer（OFSwitchImplJSONSerializer.java，位于net.floodlightcontroller.core.web.serializers包中），并添加到net.floodlightcontroller.core.web.serializers包。

```
package net.floodlightcontroller.core.web.serializers;

import java.io.IOException;
import net.floodlightcontroller.core.internal.OFSwitchImpl;
import org.codehaus.jackson.JsonGenerator;
import org.codehaus.jackson.JsonProcessingException;
import org.codehaus.jackson.map.JsonSerializer;
import org.codehaus.jackson.map.SerializerProvider;
import org.openflow.util.HexString;

public class OFSwitchImplJSONSerializer extends JsonSerializer
<OFSwitchImpl>{
    /**
     * Handles serialization for OFSwitchImpl
     */
    @Override
    public void serialize(OFSwitchImpl switchImpl, JsonGenerator jGen,
    SerializerProvider arg2)throws IOException,
    JsonProcessingException{
        jGen.writeStartObject();
        jGen.writeStringField("dpid", HexString.toHexString(switchImpl.
```

```
getId()));
        jGen.writeEndObject();
    }
    /**
    * Tells SimpleModule that we are the serializer for OFSwitchImpl
    */
    @Override
    public Class<OFSwitchImpl>handledType(){
        return OFSwitchImpl.class;
    }
}
```

现在需要告诉Jackson使用序列器。打开OFSwitchImpl.java（位于net.floodlightcontroller.core.internal包），修改如下（需要导入创建的OFSwitchImplJSONSerializer包）

```
@JsonSerialize(using=OFSwitchImplJSONSerializer.class)
public class OFSwitchImpl implements IOFSwitch{
```

至此，新建模块基本完成，还需告诉loader模块存在，添加模块名字到src/main/resources/META−INF/services/net.floodlight.core.module.IfloodlightModule。

```
net.floodlightcontroller.pktinhistory.PktInHistory
```

然后告知模块需要被加载。修改模块配置文件src/main/resources/floodlightdefault.properties中的floodlight.modules变量。

```
floodlight.modules=net.floodlightcontroller.staticflowentry.
StaticFlowEntryPusher,\
    net.floodlightcontroller.forwarding.Forwarding,\
    net.floodlightcontroller.pktinhistory.PktInHistory
```

启动Mininet。

```
mn --controller=remote --ip=[Your IP Address]--mac --topo=tree,2
*** Adding controller
*** Creating network
*** Adding hosts:
h1 h2 h3 h4
*** Adding switches:
s5 s6 s7
*** Adding links:
(h1, s6)(h2, s6)(h3, s7)(h4, s7)(s5, s6)(s5, s7)
*** Configuring hosts
h1 h2 h3 h4
*** Starting controller
*** Starting 3 switches
s5 s6 s7
```

```
*** Starting CLI:
```

启动后，运行。

```
mininet>pingall
*** Ping:testing ping reachability
h1 ->h2 h3 h4
h2 ->h1 h3 h4
h3 ->h1 h2 h4
h4 ->h1 h2 h3
*** Results:0% dropped (0/12 lost)
```

5. 利用 REST URL 拿到结果

程序如下。

```
$ curl -s http://localhost:8080/wm/pktinhistory/history/json|python
-mjson.tool
[
    {
        «message»:{
            «bufferId»:256,
            «inPort»:2,
            «length»:96,
            «lengthU»:96,
            «packetData»:«MzP/Uk+PLoqIUk+Pht1gAAAAABg6/wAAAAAA
AAAAAAAAAAAAAAD/AgAAAAAAAAAAAAH/Uk+PhwAo2gAAAAD+gAAAAAAACyKiP/+Uk+P»,
            «reason»:«NO_MATCH»,
            «totalLength»:78,
            «type»:«PACKET_IN»,
            «version»:1,
            «xid»:0
        },
        «switch»:{
            «dpid»:«00:00:00:00:00:00:00:06»
        }
    },
    {
        «message»:{
            «bufferId»:260,
            «inPort»:1,
            «length»:96,
            «lengthU»:96,
            «packetData»:«MzP/Uk+PLoqIUk+Pht1gAAAAABg6/wAAAAAA
AAAAAAAAAAAAAAD/AgAAAAAAAAAAAAH/Uk+PhwAo2gAAAAD+gAAAAAAACyKiP/+Uk+P»,
            «reason»:«NO_MATCH»,
```

```
            «totalLength»:78,
            «type»:«PACKET_IN»,
            «version»:1,
            «xid»:0
        },
        «switch»:{
            «dpid»:«00:00:00:00:00:00:00:05»
        }
    },
...
```